세상에서 가장 재미있는 지구환경

THE CARTOON GUIDE TO THE ENVIRONMENT

THE CARTOON GUIDE TO THE ENVIRONMENT

Copyright © 1996 Larry Gonick and Alice Outwater
Published by arrangement with HarperCollins Publishers. All rights reserved.
Korean translation copyright © 2008 by Kungree Press
Korean translation rights arranged with HarperCollins Publishers,
through EYA(Eric Yang Agency).

이 책의 한국어판 저작권은 EYA를 통하여
HarperCollins Publishers사와 독점 계약한 '궁리출판'이 소유합니다.
저작권법에 의해 한국 내에서 보호를 받는 저작물이므로 무단 전재와 복제를 금합니다.

세상에서 가장 재미있는
지구환경

THE CARTOON GUIDE TO THE ENVIRONMENT

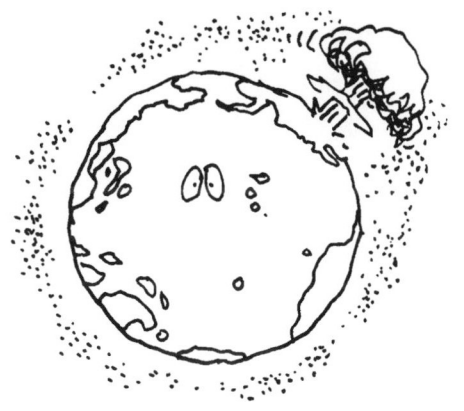

래리 고닉 그림 · 앨리스 아웃워터 글 | 이희재 옮김

CONTENTS

1 | 숲과 물 7
2 | 돌고 도는 세상 19
3 | 전체는 진화하고 개체는 발버둥치고 31
4 | 물이 만드는 세상 43
5 | 흙이 만드는 세상 53
6 | 먹는 것이 남는 것이여! 71
7 | 사냥에서 농사로 87
8 | 답답해서 못 살겠다! 105
9 | 무너지는 생태계 127
10 | 에너지그물 143
11 | 소는 석유를 먹고 자란다 165
12 | 도시여, 정신 차리시게! 181
13 | 오염 195
14 | 지구는 섬 211

참고문헌 224
찾아보기 226
옮긴이의 말 231

·CHAPTER 1·
숲과 물

우리의 이야기는 **이스터섬**이라는 절해고도에서 시작된다.
이스터섬은 무인도를 제외하고 뭍에서 가장 멀리 떨어진 섬이다.
여의도 면적의 20배가 조금 넘는 5,400만 평의 넓이를 가진 이스터섬은
어느 뭍에서도 3,800km 이상 떨어져 있다.

"눈에 보이는 건 바다뿐인데 우리가 사는 행성을 지구 곧 땅덩어리라고 부르는 것은 가당치않다."
- 아서 클라크

멀기는 했지만 **버려진** 섬은 아니었다.
가끔은 찾는 손님도 있었다.
네덜란드 해군의 **로헤벤** 제독도
1722년 **부활절**에 이 섬을 찾았다.
이스터라는 이름도 여기서 유래한다.
이스터는 영어로 부활절이라는 뜻이다.
로헤벤 제독은 이 섬과 주민에 대한
기록을 처음으로 남겼다.

18세기에 이 섬을 찾은 로헤벤 같은 사람들의 기록에 따르면 섬 주민은 3,000명이었고
돌 천지인 척박한 땅에서 바나나, 사탕수수, 고구마를 기르면서 겨우겨우 목숨을 부지했다.
마실 물이라곤 화산 분화구에 고인 지저분한 호수뿐이었다.
나무라곤 구경도 할 수 없었고 주민은 "왜소하고 가냘프고 소심하고 딱했다."

하나같이 지저분했지만 뜻밖의 구경거리도 있었다.
특히 바다를 등지고 섬 여기저기에 흩어진
800개의 거대한 석상이 눈길을 끌었다.
어떻게 깎았는지, 어디서 돌을 캤는지,
어떻게 날랐는지, 어떻게 세웠는지,
누가 만들었는지 의문투성이였다.

거상이 어디서 왔느냐고 유럽인들이 묻자 주민들은 이렇게 대꾸했다.

주민들이 푸념처럼 던진 농담을 못 알아듣고 유럽인은 그때부터 지금까지 억측에 억측을 거듭했다.
외계인이 **중력을 역이용**하여 거상을 세웠다는 설.
고도로 발달한 문명이 있었는데 **땅이 푹 꺼지는 바람에** 거상만 남겨놓고 바다 속으로 가라앉았다는 설.
화산 폭발로 어디선가 피웅 날아와 지금의 자리에 박혔다는 설….

주민들은 지난 일을 까먹었는지
도통 말해주지를 않았기 때문에
천생 서양 과학자와 역사가가
집게자, 삽, 현미경, 주민 관찰을 통해서
이야기를 맞춰나가는 수밖에 없었다.

그래서 다음과 같은 사실을 알아냈다.

호수 밑바닥에서 건져낸 꽃가루를 보면 섬은 한때 울창한 숲으로 덮여 있었다.
폴리네시아인은 나무를 열심히 베어내 만든 자리에 집을 짓고 농사를 지었다.
얌, 토란, 빵나무, 바나나, 사탕수수, 코코넛을 주식으로 삼고
닭과 폴리네시아쥐(작지만 맛있음!)에서 단백질을 얻었다.

생활은 풍족했다. 아이들도 쑥쑥 컸다. 인구는 빠르게 불어났다.
시간이 남아도니까 사람들은 심심풀이로 돌을 깎아서 **석상**을 만들기 시작했다.

완성된 석상은 통나무와 밧줄로 옮겼다.
최근에 찰스 러브라는 미국의 지질학자가
실험을 했는데 장정 20명 남짓이면
거상 하나를 미끄럼틀 위에 얹어서
미리 깔아둔 통나무 위로 굴려서
거뜬히 운반할 수 있었다.

사람들은 거상도 운반하고 장작도 때고 집도 짓느라고 열심히 나무를 벴다.

결국 1400년 무렵 이스터섬에는 나무가 씨가 말랐다.

그깟 나무 좀 없으면 안 되느냐고?
궁금하면… 계속 읽어보시라….

돌고 도는 물 The water cycle

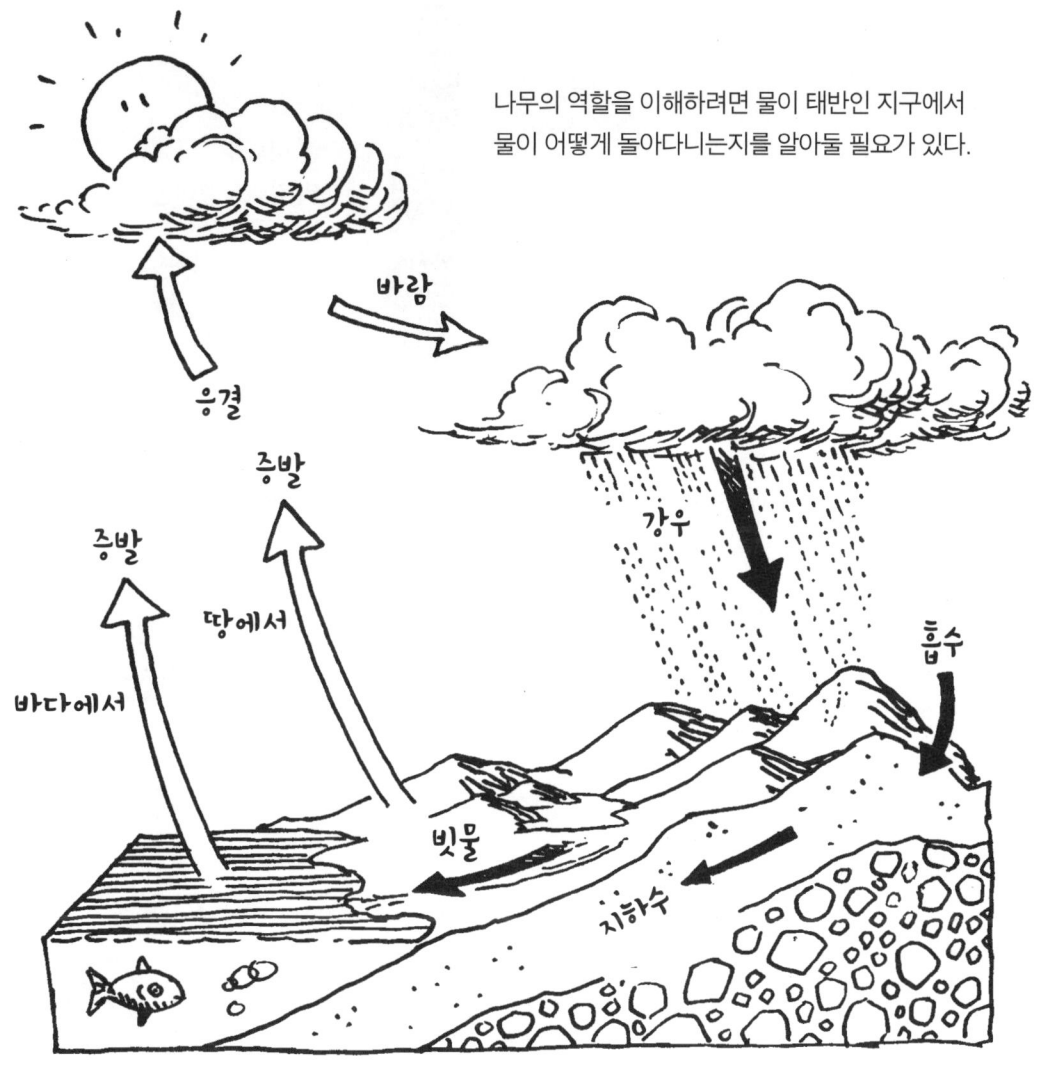

나무의 역할을 이해하려면 물이 태반인 지구에서 물이 어떻게 돌아다니는지를 알아둘 필요가 있다.

구름이 품었던 물기가 아래로 떨어지는 것이 비(또는 눈. 그러나 폴리네시아에서는 비)다.
땅으로 떨어진 **비**는 **냇물**을 이루고 이것이 모여 **큰 강**이 되어 **바다**로 흘러 들어간다.
땅과 바다에서 하늘로 증발한 물기는 작은 물방울로 뭉쳐져서 **구름**을 이룬다.
이렇게 해서 한 번의 주기가 끝난다.
하늘에 떠 있는 물이 새 물로 갈릴 때까지 꼬박 **12일**이 걸린다.

숲에 비로 떨어진 물의 운명은 여러 갈래다.
어떤 물은 미처 땅으로 들어가보지도 못하고
뿌리로 빨아들여져서 식물의 숨쉬기를 통해
다시 공기로 내뱉어진다.
어떤 물은 더 깊이 **지하수**로 스며들어간다.

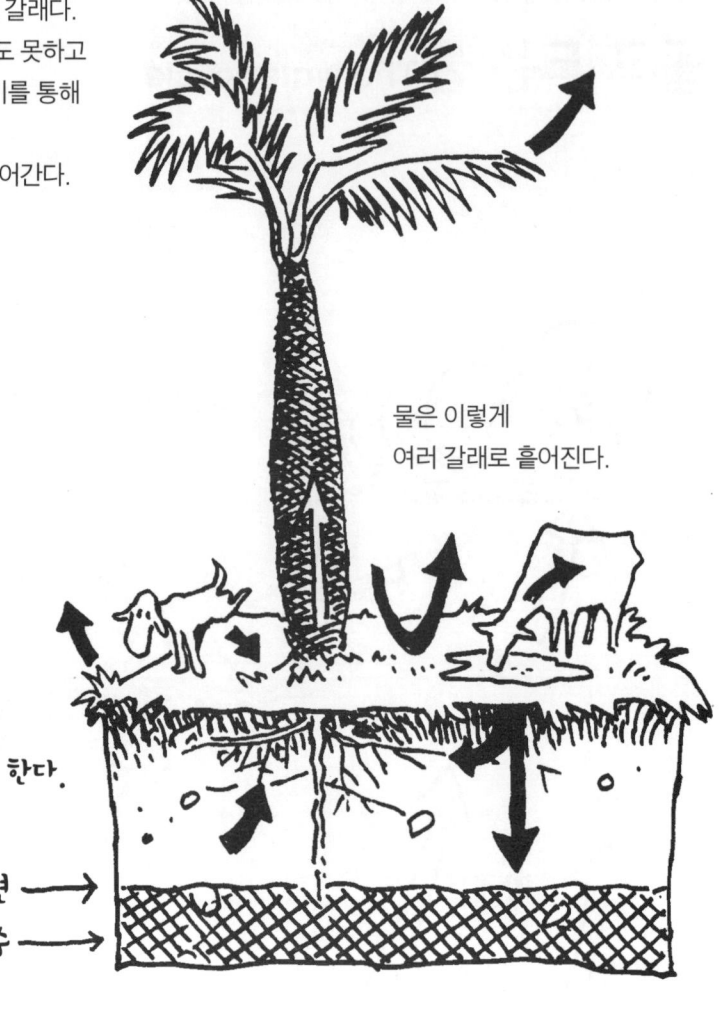

물은 이렇게
여러 갈래로 흩어진다.

'지하수'가 뭐냐고?
땅을 아주 깊이 파고 들어가면
물이 나온다. 이것이 지하수다.
지하수 꼭대기를 지하수면이라고 한다.

지하수면 →
지하수 →

숲흙은 구멍이 숭숭 뚫려 있어서
물도 많이 머금는다.
숲흙은 진흙, 모래, 썩는 유기물이
뒤섞였는데 뿌리, 땅을 파는 동물,
버섯이 만들어낸 작은 통로들로
벌집처럼 숭숭 구멍이 나 있다.
숲흙 겉부분에는 박테리아가 많아서
유기물을 영양분으로 분해한다.
분해된 영양분은 물에 녹아 밑으로
스며들고 이것을 뿌리가 흡수한다.

숲흙이 차지하는 공간의 절반은 텅 비어 있다!

반면에 나무가 별로 없어 훤히 트인 땅은 생물이 다양하지 않아서 물기도 적다.

이런 데서는 동식물이 머금은 물기가 더 많지요!

나무는 뿌리와 잎이 간단한 관들로 연결된 커다란 **물펌프**다.
뿌리가 수분과 녹은 무기물을 빨아들이면 이것들은 나무껍질 밑의 조직을 통해 잎으로 올라가서 당분과 단백질로 바뀐다.
이렇게 만들어진 양분은 다시 뿌리로 내려가서 뿌리의 성장을 돕는다.
잎은 수분을 공기로 뱉어내는 역할도 한다.

땅속으로 한없이 뻗어나간 뿌리는 나무를 지탱하고 흙을 모아주는 살림꾼 역할을 톡톡히 한다.

이스터섬에서는 대관절 무슨 일이 벌어졌을까?
나무를 베어서 뿌리가 죽으면 겉흙도 설 자리를 잃는다.
결국 넉 자에서 다섯 자 정도 두께의 흙이 빗물에 씻겨 내려갔고 산은 민둥산이 되었다.

비가 와도 이것을 빨아들일 숲이 없다 보니 지하수도 마르고 냇물과 샘도 말라붙었다. 공기는 자꾸 건조해졌고 강우량도 줄어들었다. 기름진 흙이 깎여나가니까 농사도 잘 안 되었다. 집 지을 나무도 없었다.
식물이 자라지 않으니까 그물도 돛천도 짤 수가 없었다. 통나무가 없으니 카누도 만들 수가 없었다.

빠듯한 자원을 놓고 쟁탈전이 벌어졌다. 그런데 **거상을 세워서** 부족의 위력을 과시하는 전통 때문에 그나마 얼마 남지 않은 나무도 모조리 베어졌다.

1550년에 7,000명까지 올라갔던 인구는 급격히 줄어들어서 나중에는 깎다 만 거상 약 400개가 채석장에 나뒹굴었다.

급기야는 다른 부족이 세운 거상을 경쟁적으로 쓰러뜨렸다. 그래서 1860년 무렵이면 멀쩡히 선 석상이 하나도 없었다.

이스터섬 주민들이
못나고 멍청하거나 별나서
그런 일을 당한 것이 아니다.
그들이나 우리나 똑같이
습관의 동물이다.
땅을 갈고 나무를 베고
집을 짓고 내세우기 좋아하고,
결국은 똑같다.

다만 이스터섬은 워낙 작았기 때문에 결과가 한눈에 보였을 뿐이다.
그렇게 마지막으로 남은 나무 한 그루까지 베어졌다.

우리가 사는 지구는 이스터섬보다는 훨씬 커도 똑같이 유한하다.
유한한 자원을 흥청망청 쓰면 언젠가는 바닥이 난다.
이스터섬 주민들처럼 우리도 지구 말고는 달아날 곳이 없다.
자원을 아끼고 생활습관을 바꾸면 이제라도 이스터섬 같은 재앙에서 벗어날 수 있을까?

« CHAPTER 2 »
돌고 도는 세상

생명이 살아가기 위해서는 여러 가지 물질의 순환이 일어나는데 그중 하나가 물 순환이다.
지구에 있는 원소들은 살아 있는 유기체가 만들고 꾸리는 서로 얽히고설킨
커다란 고리 안에서 쉴 새 없이 돌아간다.

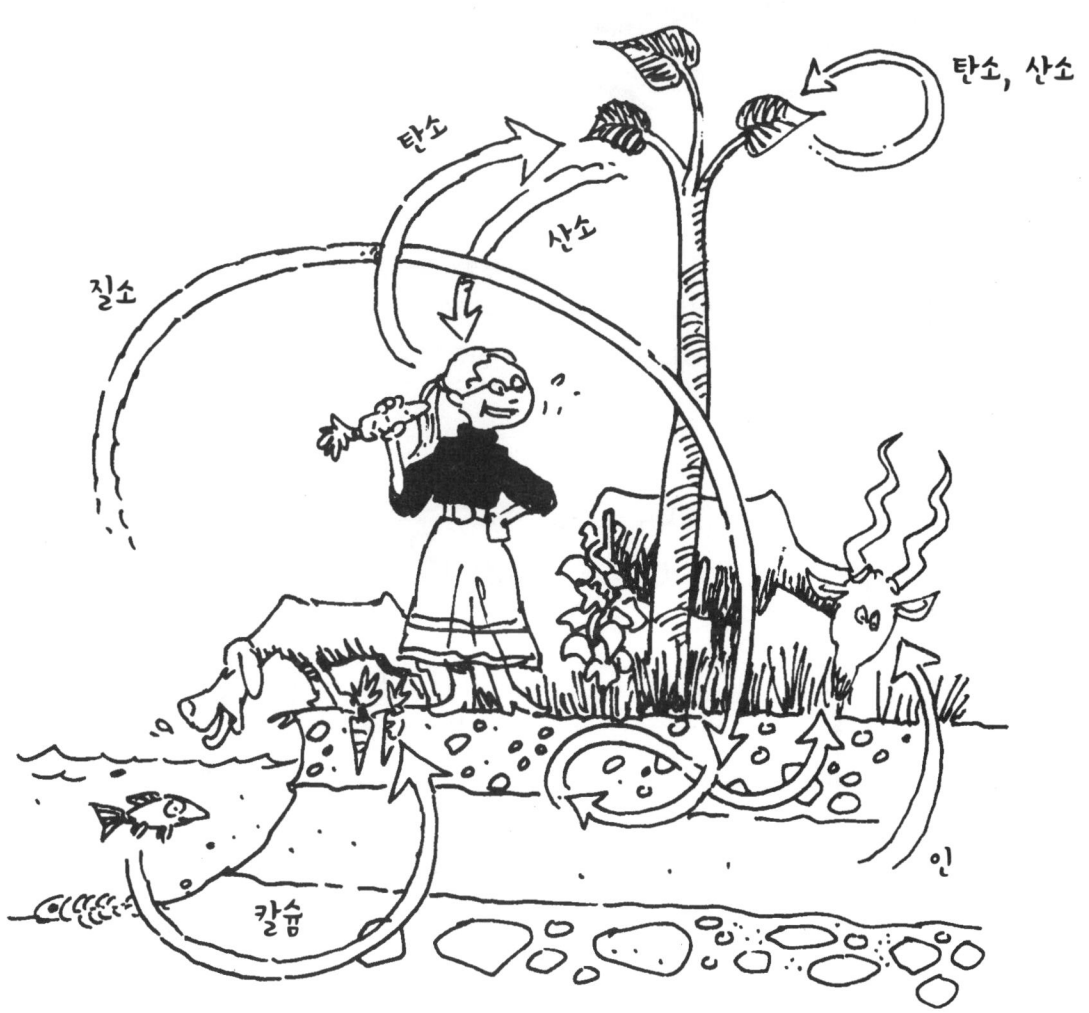

산소만 하더라도 그렇다.
지구가 어렸을 때, 그러니까 한 40억 년 전만 하더라도 공기 안에는 산소가 별로 없었다.
이윽고 생명이 나타났고 **푸른박테리아**라는 미생물이 나타났으며 **식물**이라는 덩치가 큰 생명체도 나타났다.
이런 생명체는 산소분자를 노폐물로 내놓았다.

산소의 농도가 올라가자 **호흡**을 하는, 다시 말해서 **산소를 빨아들이는** 새로운 생물이 나타났다.
이것이 **동물**이다(식물도 신진대사과정에서 산소를 조금 빨아들이기는 한다).
이렇게 해서 식물은 산소를 내뱉고 동물은 산소를 들이마시는 **산소 순환**이 굳어졌다.

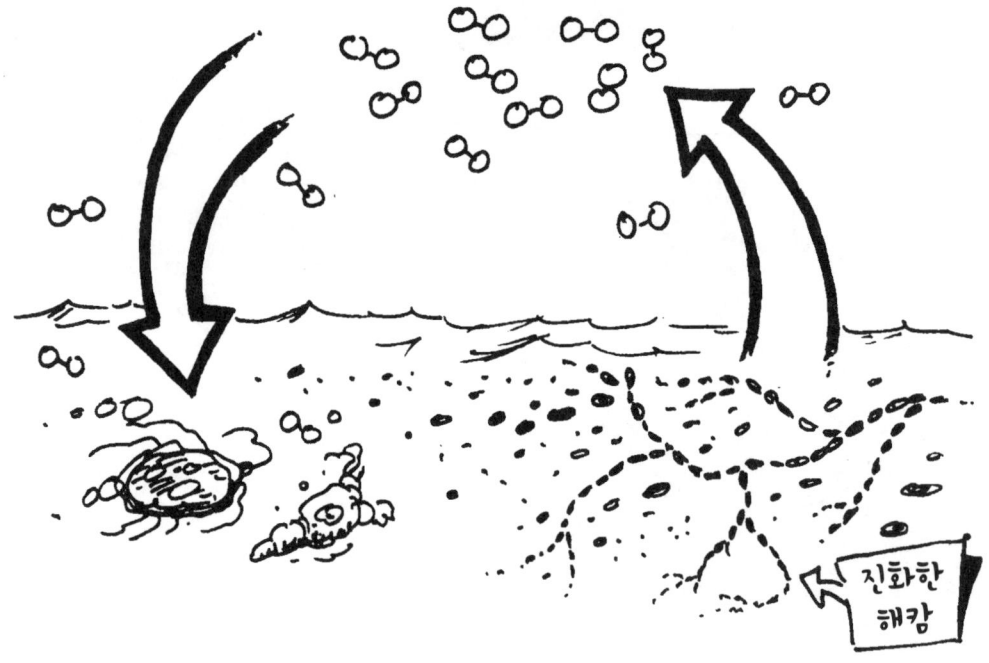

산소가 넉넉하니까
동물은 꾸준히 불어났지만
그것도 한도가 있었다.
이제 생물계는
역동적 균형을 이루었다.
그다음 20억 년 동안
식물과 동물은
산소 농도를 대기의
21% 수준으로 꾸준히 유지했다.

 잠깐 : 식물은 동물이 내뿜는 이산화탄소를 빨아들여서 탄소를 주성분으로 하는 섬유를 만든다.

식물을 **생산자**라고 부르는 것은 이 때문이다.
식물은 이산화탄소 같은 화학물질을 가지고 유기물을 바로 생산한다.

우리는 죽어라고 바치기만 하고 돌아오는 건 하나도 없고!

반면에 동물은 **소비자**이다.
동물은 식물이나 다른 동물을 먹이로 삼는다.

냠냠!

산소 순환을 보면 결국
**지구에서 사는 모든 생명체가
대기를 다스린다고 볼 수도 있다.**
더 많은 생명이 자랄 수 있는 조건을
생명이 만들고 떠받친다는 것이다.
산소가 아닌 다른 물질의 순환도
이런 식으로 설명할 수 있을까?

1970년대에 영국의 제임스 러브록이라는 화학자와
미국의 린 마굴리스라는 생물학자가 **가이아설**을 내놓았다.
두 사람은 지구는 유기적으로 얽힌 하나의 생명체라고 보고
이것을 가이아라고 불렀다.
가이아는 그리스신화에 나오는 지구의 여신이다.

가이아설에 따르면 생물계는 일종의 **환경 감독관** 노릇을 하면서
가이아의 건강을 해치지 않도록 화학물질의 수준을 일정하게 유지한다.

소금을 보자. 소금은 땅에서 바다로 끊임없이 씻겨 내려가는데도 바다 안의 소금 농도는 생명이 나타난 이후로 별로 달라지지 않았다. 러브록은 산호초가 바다에서 소금을 빨아들이면서 방어벽처럼 옥외 풀을 만들어 소금을 가두는 역할을 한다고 설명한다.

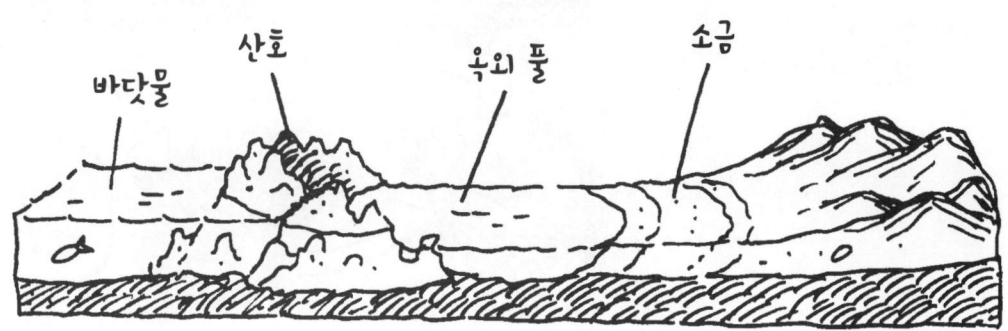

러브록과 마굴리스의 견해에 따르면 **대기권**(기체), **수권**(물), **지권**(고체)으로 이루어진 무생물계는 **생물계**가 다스린다. **생태계**는 생물계와 지구를 이루는 모든 원소들의 상호작용이다.

가이아설은 무생물계가 궤도에서 벗어나면 생물계가 적절히 대응하여 상황을 다시 안정시킨다고 설명한다.

이런 식으로 생물계는 **되먹임 고리**를 만든다. 되먹임 고리는 생태계에서 정보를 받아 반응한다. 이 반응에서 변화가 나오고 이것이 또 다른 반응을 낳는다.

러브록과 마굴리스는 이런 되먹임 고리가 주로 평형과 균형을 잡는 역할을 한다고 본다.
이런 식으로 유지되는 조건을 **호메오스타시스**, 곧 **항상성**이라고 한다.
늘 달라지고 요동치긴 하지만 결국 생명이 살아가기에 알맞은 조건을 유지한다는 뜻이다.

가이아설은 아주 멋지고 새겨들을 점이 많은 이론이지만… 나중에 살펴보겠지만 되먹임 고리는 **평형을 해치는 역할**을 하기도 한다. 가이아설은 아직은 논란이 있는 가설인 것이다.

그렇지만 사실 여부를 떠나서 가이아설은 생물계가 조화롭게 굴러가는 거대한 시스템이라는 점을 우리에게 일깨워준다.

자연 상태로 지구에 있는 90개가 넘는 원소 중에서
생명체에 꼭 필요한 것은 약 40개다.
우주에서 영양분이 날아올 리는 없으므로
이 원소들이 돌고 돌면서 생명체를 먹여 살린다.
내 코에 있는 탄소원자는 먼 옛날에는
세뿔공룡의 발톱이었는지도 모른다.

생명체에 필요한 **필수 영양소**는 주로 탄소, 산소, 수소, 질소, 인, 황, 칼슘, 칼륨으로 만들어진다.
이 원소들은 모든 유기체 질량의 95% 이상을 차지하므로 그만큼 활발하게 돌아다닌다.

1. 탄소원자는 피로 들어가서 발톱이 된다.
2. 떨어져나간 발톱을 박테리아가 먹는다.
3. 바람, 비, 화산재에 실려 박테리아가 흩어진다.
4. 탄소원자는 이리저리 돌아다니다가 내 코에 둥지를 튼다.

생명체에는 소량이기는 하지만 인, 철, 구리, 염소, 요오드 같은 원소도 필요하다.

생명체가 죽어서
땅에 파묻히면 원소는
오래도록 빛을 보지 못한다.
물론 다른 동물이 와서 뜯어먹으면
그 동물의 몸을 통해서
다른 데로 퍼지기도 한다.

우리는 왜 만날 가이아 뒤치다꺼리만 하는 거니?

까마귀 쟤들은 죽으면 누가 먹노?

박테리아는 맛을 **안** 따져요.

지하로 꺼진 유기물은 아주 느리게 순환한다.
보통은 수백만 년이 지나서야 침식이나
지각 변동으로 다시 세상 밖으로 나온다.

산소, 질소, 탄소(이산화탄소 안의) 같은
기체원소는 순환 속도가 빠르다.
이런 원소로 꽉 차 있는 공기가 쉴 새 없이
움직이기 때문이다.
며칠 아니 몇 시간도 못 가서
한 바퀴 도는 경우도 있다.

아니면 우리가 이렇게 뽑아올리기도 하지요.

산소 같은 남자, 많이 사랑해주세요!

이 두 극단 사이에 수권과 살아 있는
생명체를 통해서 이루어지는
중간 수준의 순환이 있다.

요컨대, 생물지질화학 순환의 빠르기는
원소를 얼마나 쉽게 접할 수 있느냐의
여부에 달려 있다.

빠름

중간

느림

원소 하나하나마다
자기 나름의 순환 주기가 있지만
아직은 모르는 것이 많다.

뭔가 있어 보이려고
자꾸 숨기는 거 맞죠?

그러고도 인간이
만물의 영장이라는 건가?

가장 중요한 세 원소는 그래도 웬만큼 알려진 편이다.

질소 Nitrogen

단백질과 DNA의 핵심 성분이다.
공기의 80%는 순수한 질소($N2$)이지만
대부분의 생물은 이것을 흡수하지 못한다.

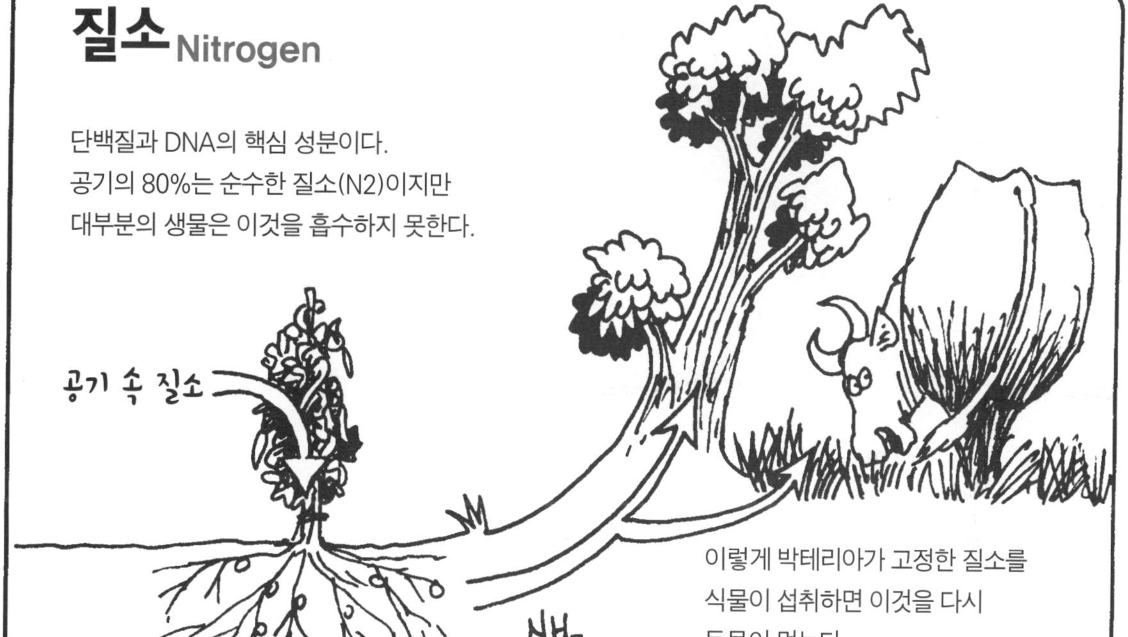

공기 속 질소

이렇게 박테리아가 고정한 질소를
식물이 섭취하면 이것을 다시
동물이 먹는다.

NH_3
NO_3

하지만 콩, 알팔파, 오리나무 같은
식물의 뿌리 돌기에 사는 박테리아는
이런 질소를 질산염(N_3),
암모니아(NH_3)로 바꾼다.

이렇게 싸기도 하지요!

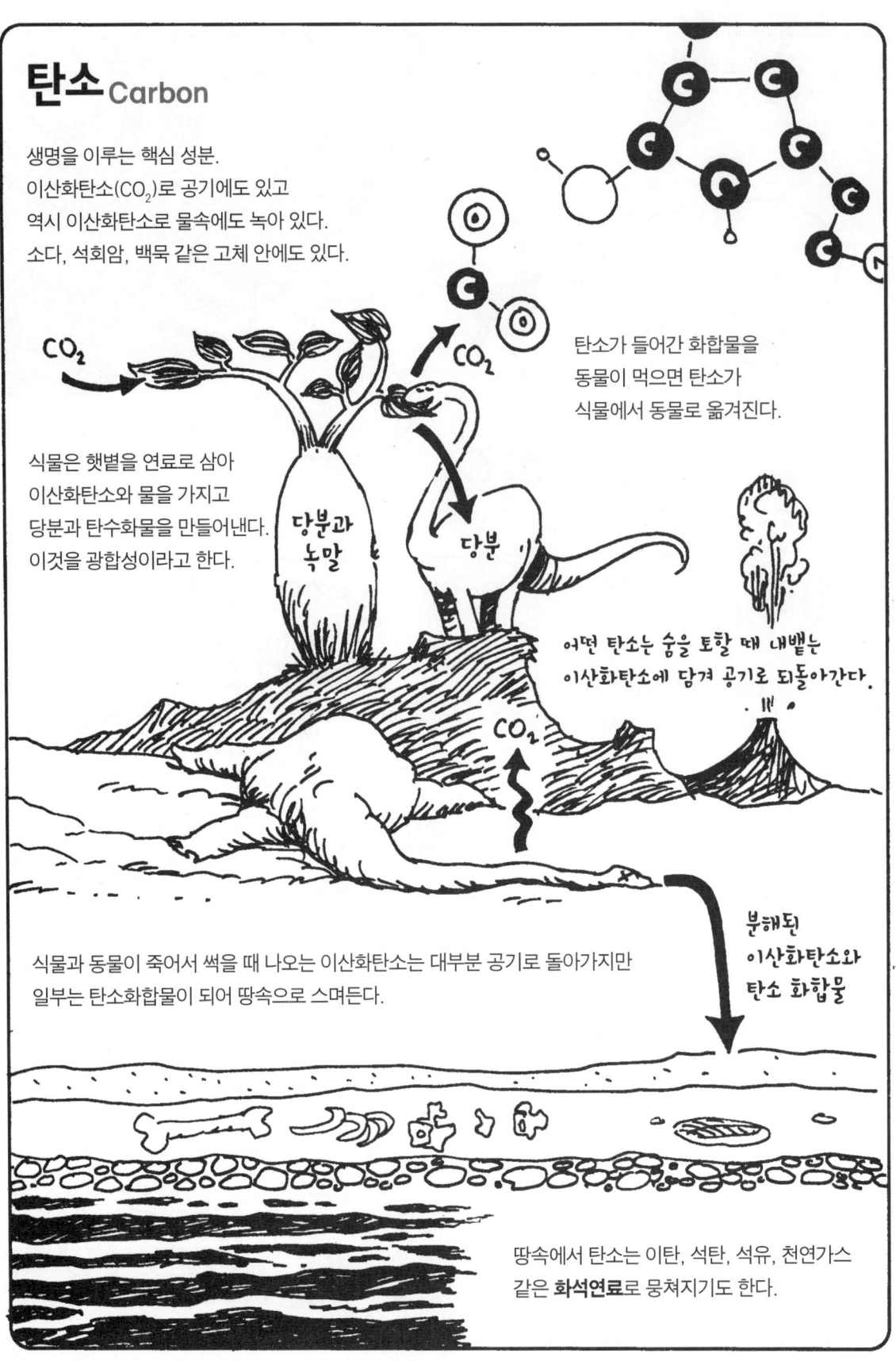

탄소, 질소, 인만 이렇게 돌고 도는 것이 아니라
생명체에 꼭 필요한 원소들은 저마다 순환 주기가 있다.

아연이나 **셀레늄**처럼
자연 상태에서는 찾아보기 힘들지만
그래도 살아가는 데 꼭 필요한 원소가
퇴적암이나 바다 밑바닥에
가라앉아 있기만 하면 생명체는
목숨이 위태로워진다.

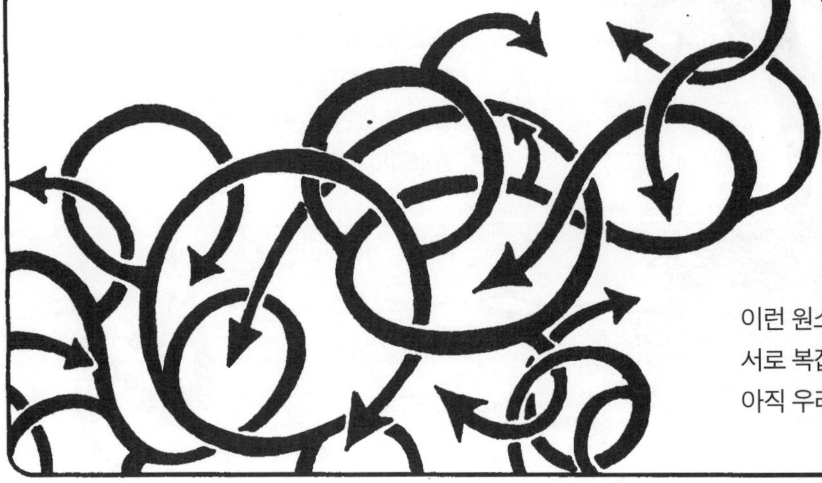

이런 원소들의 주기는
서로 복잡하게 얽혀 있지만
아직 우리는 전모를 잘 모른다.

크게 보면 생명은 얽히고설킨 무수히 많은 주기들을 한꺼번에 만들어내고 또 떠받치면서 한편으로는 거기에 기대어 굴러간다. 사람도 아미노산에서 아연에 이르기까지 적절한 화학 성분이 제때 들어와야만 살아갈 수 있다. 이런 화학 성분이 여기저기로 골고루 퍼지는 것도 무수히 많은 생명체 덕분이다.

생명의 그물을 지켜나가야 하는 데는 또 다른 이유가 있다.

CHAPTER 3.
전체는 진화하고 개체는 발버둥치고

지구에 있는 화학물질들의 주기는
생명의 영향을 받으면서 오랜 세월에 걸쳐서 만들어졌고 달라졌고
또 이어져 내려왔다. 유기체의 복잡한 그물망은 귀한 원소들을 사방으로 퍼뜨린다.
그래서 어떤 사람은 지구는 마치 살아 있는 거대한 생명체와 같아서 화학물질들의 주기를
자기에게 유리한 방향으로 다스린다고 주장한다.

생명의 순환, 물의 순환, 지질의 순환을 각각 하나의 커다란 **순환계**로 보면 이 말은 일리가 있다.
그러나 **개체의 입장**에서는 사정이 다르다.
복잡한 주기로 얽힌 화학물질들 속에서 태어난 하나하나의 생명체는
그저 살아남아야겠다는 단순한 목표 아래 움직일 뿐이다.

유기체는 **새끼를 낳을 때까지**
어떻게 해서든 **먹히지 않고**
살아남으려고 발버둥친다.

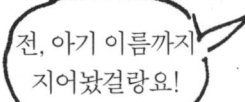
전, 아기 이름까지 지어놨걸랑요!

개체는 전체의 일부분이지만 개체와 전체의 관심사가 늘 같지는 않다.
가령 이스터섬에서 주민 한 사람은 땔감이나 재목으로 **한 번에 나무 한 그루만** 있으면
족할지 모르지만 섬 주민 전체가 무난히 살려면 숲이 있어야 한다.

모르면 가만히 있으쇼.
우리가 거상을 세운 건
부족의 위신을 세워야만
자원을 독차지할 수 있고
또 그래야 자손이 잘 나갈
수 있기 때문이래도
그러네.

고마운
줄이나 아쇼.

개체는 가족, 공동체, 종, 서식지
같은 울타리 안에서 태어난다.
이 울타리는 기회도 주지만
제약으로도 작용한다. 그런데
이런 울타리도 결국 무수히 많은
개체들이 움직여서 만드는 것이다.

닭이 먼저냐,
달걀이 먼저냐!

진화 는 개체와 전체의 어울림 안에서 일어난다.

개체는 먹이를 놓고 서로 경쟁한다. 모든 생명체는 번식을 할 때까지 어떻게든 살아남으려고 한다.
자기 배만 부르면 누가 굶든 말든 아랑곳하지 않는다.

하지만 서로 손을 잡을 때도 있다.
때로는 힘을 합쳐야 살아남는 데
유리하기 때문이다.

같은 종이라도 개체마다 조금씩 다르다. 유전형질이 조금씩 다른데 이런 작은 차이 덕분에
어떤 개체는 **이득을 본다**. 먹이를 잘 구한다거나 도망을 잘 다닌다거나
더위와 추위를 잘 견딘다거나 새끼를 잘 낳는다거나 하는 유리함이다.

번식에서도 차이가 생긴다.
유리한 형질을 가진 개체는
새끼를 더 잘 키운다.
어미의 형질을 물려받은 새끼가
자라면 역시 튼튼한 새끼를 낳는다.
이렇게 여러 세대가 흐르면
적응에 유리한 형질을 가진
개체들이 수적으로 우세해진다.

후손이 완전히 다른 종으로 진화하기도 한다.

종이란 무엇인가? 서로 짝짓기를 할 수 있는 개체들을 일컬어서 보통 한 종이라고 한다.
하지만 다 그런 것은 아니다. 어떤 녀석들은 종이 다른데도 서로 짝짓기를 한다.
박테리아 같은 미생물은 또 다른 기준이 있어야 한다.

종이 구체적으로 어떻게 생기는지는 잘 모른다.
생물학자들은 어려운 말로

이소성 종분화를 가지고 설명한다.

덩치가 작은 집단이 어떤 이유로든
이역 곧 지리적으로 떨어진 곳에 고립되어
자기들끼리만 짝짓기를 오래 하다 보면
생김새가 모집단에서 자꾸 멀어진다는 것이다.
사람과 원숭이는 조상이 같았지만
아프리카의 땅이 꺼져 생긴
큰 골짜기로 사는 곳이 달라지면서
종이 달라졌다고 생물학자들은 본다.

동소성 종분화라는 것도 있다.

이것은 **지리적으로 격리**되지 않았지만
같은 종이라도 **한정된 먹이**를 놓고
어떤 녀석은 작은 먹이를 선호한다든가
어떤 녀석은 큰 먹이를 선호한다든가 하여
나중에는 아예 종이 갈라지는 경우도 있고
전부가 아니라 일부에게만 먹혀드는
특이한 **구애 의식**을 발달시키는 경우도 있다.

하여간 이 세상에는 수많은 종이 있다.

같은 종 안에서도 실제로 짝짓기를 할 수 있는 개체들을 일컬어서 **개체군** 또는 **군집**이라고 한다.
하나의 종이 전세계에 퍼질 수도 있지만 개체군은 대체로 뭉치는 경향이 있다.*

* 예외는 어디나 있는 법!

개체군의 증감을 연구하는 학문을
개체군동태학 이라고 한다.

도표는 많지만 과학 치고는 정확성이 떨어진다.

우선은 중요한 개념
몇 가지만 짚고 넘어가자.

번식력

한 개체군의 최대 증가율을 뜻하며 영어로는 r_{max}로 표시한다. 새끼 숫자, 새끼의 평균 생존율, 새끼를 얼마나 일찍 얼마나 자주 낳나 따위에 좌우된다. 실험실 밖에서 번식력을 재기는 사실상 불가능하다.

번식 전략

종을 유지하기 위해서는 죽는 개체보다 태어나는 개체가 많아야 한다.
그렇다고 해서 무한정 늘어나기만 해서도 곤란하다.

환경저항

개체군을 제약하는 요소들.
주어진 생태계의 개체군 안에서
무한정 살아갈 수 있는 개체들의 숫자는
이런 환경 제약 요소가 결정한다.
하지만 역시 실험실 밖에서는
파악하기 어려운 개념이다.

제약 요소에는 외재 요소와 내재 요소 2가지가 있다.

외재 요소는 개체군 바깥에 있다.
외재 요소 중에서도 생명체에 필요한
화학물질의 양, 빛의 양이나 물의 양
같은 것을 **무생물** 요소라고 한다.
다른 요소들이 모두 알맞더라도
이런 무생물 요소는 너무 많아도 탈,
너무 적어도 탈이다.

생물 요소는 먹기, 맹수, 돌림병,
적절한 유기 환경을 말한다.

내재 제약 요소는 개체군 안에 있다.
번식률, 적응성, 텃세 따위를 말한다.
같은 종 안에서도 개체나 집단이
텃세를 부리면 개체군의 밀도가 달라지고
결과적으로 번식력도 달라진다.

위계질서도 개체군을 제약한다.
힘센 수컷이 암컷들을 독차지하면서
심지어 다른 수컷의 씨를 받은 새끼를
죽여버리는 종이 많다.

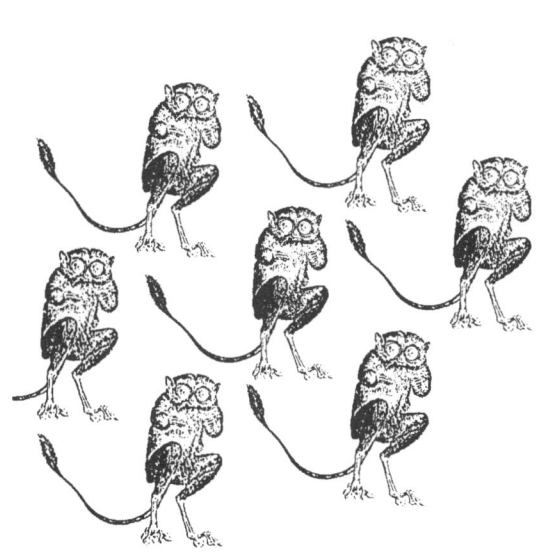

제약 요소에 따라서 종마다 번식 전략이 다르다.
아주 상반된 전략 2가지가 있다.

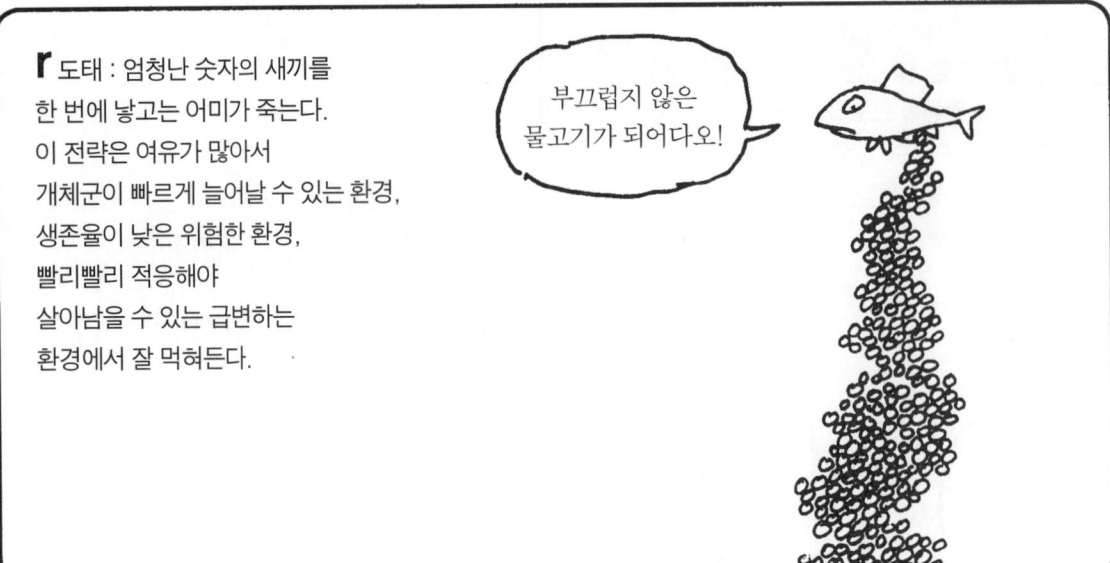

r 도태 : 엄청난 숫자의 새끼를 한 번에 낳고는 어미가 죽는다. 이 전략은 여유가 많아서 개체군이 빠르게 늘어날 수 있는 환경, 생존율이 낮은 위험한 환경, 빨리빨리 적응해야 살아남을 수 있는 급변하는 환경에서 잘 먹혀든다.

K 도태 : 어미가 얼마 안되는 새끼를 여러 번에 걸쳐서 낳고 열심히 키우며 생존율이 높다. 환경이 감당할 수 있는 개체군의 크기에 거의 육박한 상황에 알맞은 전략이지만 위험 부담도 크다. 개체군의 크기가 확 줄어들면 원상회복이 쉽지 않다.

＊＊＊＊＊＊＊＊＊＊
오랑우탄은 새끼를
5년에 한 마리밖에
못 낳는다.
＊＊＊＊＊＊＊＊＊＊

대부분의 생물은 이 두 극단 사이의 전략을 택한다.

이런저런 영향을 토대로
개체군의 증감 추세를
그래프로 그릴 수 있다.

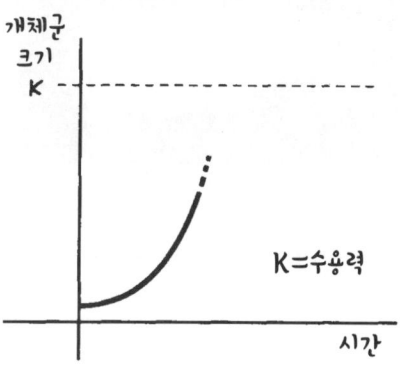

환경의 수용력에 비해 규모가 작으면
개체군은 번식률에 따라 다르지만
비교적 빠르게 늘어난다.
그다음은 여러 요소들이 좌우한다.

초식동물과
육식동물의 비율,
돌림병, 기후 기타
등등, 다 그래프로
그려드릴까?

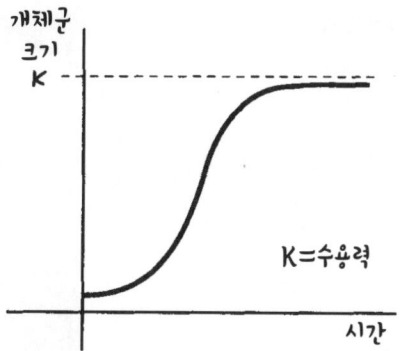

k에서 개체군이 더 이상 늘지 않는 것은
외재 요소와 내재 요소의 억제력이
균형을 이루기 때문일 것이다.

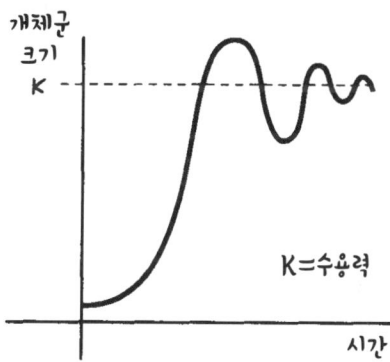

보통은 개체군이 k를 중심으로 오락가락하다가
서서히 평형에 이르거나…

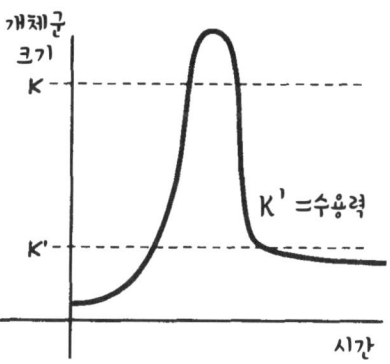

… 아니면 파국을 맞이한다.
개체군이 생태계를 무너뜨려서 수용력이
크게 줄어들면 개체군은 예전의 크기로
영영 돌아가지 못한다.

진화는 자원을 놓고 경쟁을 벌이면서 일어나는 것이지만 앞쪽 마지막 그래프에서 보았듯이 어떤 종이 너무 적응을 잘해도 문제다.

생명계는 거미줄처럼 촘촘히 얽혀 있어서 독불장군처럼 혼자 살아갈 수는 없다.

공진화라는 것이 있다.
둘 이상의 종이 서로
도움을 주고받으면서
함께 진화한다는 뜻이다.
일례로 꽃은 꿀을 찾아 날아드는
벌에다 꽃가루를 뿌리고
벌은 뒷다리에 이것을 묻혀
다른 꽃으로 옮긴다.
이렇게 해서
수정이 이루어진다.
벌에게 기대어 번식하는
식물이 아주 많다.

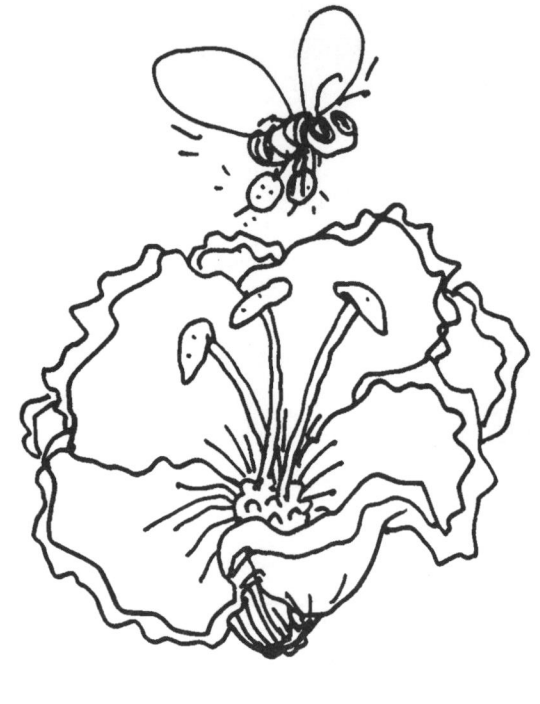

생물 다양성 하면 크게 3가지로 볼 수 있다.

유전자 다양성

한 종 안의 다양성이다.
같은 종이라도 개체마다
유전자는 조금씩 다르다.
유전자 다양성이 있는 종은
환경 변화에 더 잘 적응한다.

종 다양성

한 공동체 안에서 살아가는 종들의 다양성이다.
따지고 보면 지구도 종들이 모여 사는
커다란 공동체인 셈이다.

생태 다양성

숲, 호수, 사막, 초원, 시내, 생물 공동체가
얼마나 아기자기하게 섞여 있는가를 말한다.

진화는 유전자 다양성의 밑거름이지만 유전자 다양성도 진화의 밑거름이다.
개체군 안의 개체들이 다를수록 변종이 폭이 넓어져 환경이 확 달라져도 살아남는 개체가 많아진다.
종 다양성과 생태 다양성도 생명의 회복력을 높여준다.

자원이 얼마나 잘 돌아가느냐 하는 것은 결국 지역 생태에 달려 있으므로
이제부터는 인간에게만 자꾸만 잠식되는 생물 서식지의 실태를 알아보자.

· CHAPTER 4 ·
물이 만드는 세상

생명은 바다에서 시작되었다.

지구의 약 **70%**를 차지하는 바닷물은
부지런히 움직인다. 조류는 멀리까지
엄청난 양의 물을 실어나른다.
따뜻한 멕시코 만류 혼자서 운반하는 물이
전세계 강을 모두 합친 양보다 **50배나 많다**.
물은 열을 품기 때문에
태양에너지도 골고루 퍼뜨린다.
기후가 불안정해지지 않는 데는
이렇게 열을 분산시키는
바닷물의 역할이 크다.
바닷물에 녹아 있는 기체는
대기의 성분에도 영향을 미친다.

지금까지 사람이 분류한 종은 모두 140만 종에 이르는데 그중 바다에 사는 것은 25만 종에 불과하다. 바다에 생물이 적게 살아서가 아니라 우리가 아직 바다를 잘 모르기 때문이다. 그렇지만 심해 서식지에 대해서 몇 가지는 안다.

해양 생물은 보통 r전략으로 번식한다. 어미는 새끼를 수두룩하게 낳지만 끝까지 자라는 새끼는 드물다. 물고기도 그렇고 진화의 사다리에서 낮은 단계에 있는 생물은 다 그렇다. 물개, 돌고래, 고래 같은 포유류는 바다에 사는 종 치고는 드물게 k전략으로 번식한다. 즉 소수의 자식을 애지중지 키우는 전략이다.

땅으로 가로막힌 생태계와는 달리 바다는 먹이사슬이 겹치고 또 겹쳤다.
작은 고기를 중간 고기가 잡아먹고 중간 고기를 큰 고기가 잡아먹고 큰 고기를 더 큰 고기가 잡아먹는다.
사람이 낚시를 하기 전부터 이미 바다에서는 엄청난 규모의 낚시질이 이루어졌던 것이다.

바다에서도 땅과 마찬가지로 생산자는 오직 식물이다.
식물이 만들어내는 식량을 모두 일컬어 조금 어려운 말로 **1차 순생산**이라고 한다.

해초, 식물성플랑크톤, 박테리아도 바다 식물로 친다!

1차 순생산은
1차 총생산(생물자원으로 변환된 태양에너지 총량)에서
호흡에너지(신진대사와 성장을 위해 식물이 쓴 에너지)를
뺀 것이다.

호흡에너지 + 1차 순생산(만들어진 생물자원)

= 식물이 쓴 태양에너지 총량

들이쉬고!
내쉬고!

이 점을 기억하면서 바다 서식지를 돌아다녀보자.

난바다

바다 식량은 하나부터 열까지 수면 가까이에서 햇볕으로 살아가는 식물이 만들어낸다. 바다에서 햇볕이 드는 곳을 빛이 있는 곳이라는 뜻으로 어려운 말로 **유광대**라고 한다.

바다 식물의 태반은 여기저기 떠다니는 **식물플랑크톤**이다.
식물플랑크톤을 먹고 사는 것이 **동물플랑크톤**이고
이 동물플랑크톤을 다시 작은 물고기나 수염고래가 먹는다.
작은 물고기는 다시 더 큰 물고기, 물개, 거북, 새 등이 잡아먹는다.
시체가 바다 밑바닥으로 가라앉으면 게, 성게가 청소하고
박테리아가 분해한다.

수심 200~500미터 사이는
아주 깊지도 아주 얕지도 않은
곳이라고 해서 **반심해대**라고
부르는데 오징어, 문어, 새우와
일부 사나운 물고기가 산다.
빛이 없어서 아주 캄캄한 **심해대**는
아직 사람이 모르는 것 투성이다.

바다의 생물상은 아주 다양하기는 하지만 넓기는 해도 두께는 얇다.
단위면적당 생물자원은 사막처럼 보잘것없지만 바다는 워낙 면적이 넓어서
전체로 따지면 생산량이 엄청나다.

육지에서 먼 난바다에서 육지에서 가까운 든바다로
다가갈수록 다양한 생물이 살고 또 햇볕도 많은
해안대가 나온다.
바닷물이 개펄로 가장 깊숙이 들어온 만조선에서
보통 대륙붕 가장자리까지를 일컫는데
바다 면적의 약 10%를 차지한다.

해안대에는 **산호초**가 많다. 바다에서 아기자기한 생태계 하면 누가 뭐래도 산호초를 꼽을 수 있다.
보통 한곳에 3,000종이 넘는 산호가 모여 살며 이 안에서 다시 각양각색의 물고기, 벌레, 해초 같은
동식물이 얽혀산다. 산호초에서도 **1차 생산자**는 역시 단세포로 이루어진 **녹색 식물플랑크톤**이다.
식물플랑크톤은 산호를 둥지로 삼으면서 산호에서 떨어져나오는 광물질로 양분을 만들어낸다.
산호는 플랑크톤이 내뱉은 탄소 유기물을 먹는다. 산호초는 살아 있는 산호가 만드는 석회 껍질로
이루어지는데 산호가 죽어도 껍질은 남는다. 석회는 탄산칼슘 성분이므로 공기 안에서 탄소를 빨아들여
지구온난화 억제에 기여한다. 산호초는 변화무쌍하기는 하지만 아주 오랜 세월에 걸쳐 만들어지고
또 아주 민감해서 사람의 손을 타면 금세 망가진다.

물으로 더 가면 **해안 습지**가 있는데 우묵 들어간 만, 소금기가 많은 늪, 개펄이 어우러진 이곳에서는 풀이 주된 식량 생산자다.

기온이 높은 지역에는 **맹그로브 습지**라는 것이 있다. 소금기에 강한 50여 종의 나무와 수풀이 물속 깊이 뿌리를 내린 맹그로브 습지는 영양분이 풍부하기로는 둘째가라면 서러워할 생태계다.

맹그로브의 긴 뿌리는 산소를 바닥 진흙까지 실어나른다. 자라서는 바다로 가지만 어려서는 이곳에 사는 바다 동물도 많다. 먹을 것도 많고 숨을 곳도 많다.

강

바닷물이 증발하여 구름이 되었다가
비로 내리면 골짜기를 타고 흐르고
이런 물줄기가 모여 강이 된다.

물살이 빠른 계곡의 급류에서는 생물이 잘 살지
못한다. 식물은 바위에 착 달라붙고 물고기는
송어처럼 찬물을 좋아하고 산소를 많이 마시는
민물고기가 주로 산다. (물살이 산소를 휘저으니까
급류에서는 잔잔한 물보다 산소가 풍부하다.)

기울기가 완만한 곳에서는 물줄기가 모여 강을
이룬다. 강은 골짜기를 따라 천천히 흐르면서
다양한 종류의 물고기를 먹여 살린다.

구불구불한 강을 사람이 뚝 끊어서 직선으로
운하를 만들면 운하로 이어지지 못한 물줄기에
살던 생물은 오갈 데 없는 신세가 된다.

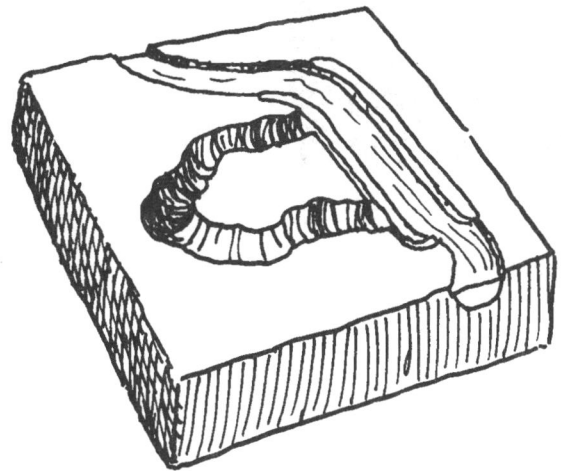

멀쩡한 강을 두고
운하를 파다니,
정말 너무들 하네!

땅 위로 흐르는 지표수와 지하수가 우묵한 곳에 고이면 **호수**가 된다.
호수는 네 구역으로 나눌 수 있다.

연안대 : 호수 기슭

담수대 : 식물이 자랄 수 있을 만큼 빛이 넉넉하게 들어오는 곳

바닥대 : 깊고 차가운 곳

호수밑

부영양호는 말 그대로 영양분이 풍부한 호수를 말한다. 수심은 낮은 편이고 플랑크톤이 많아 물은 혼탁하다.
붕어, 잉어, 메기 등 다양한 물고기가 산다. 특히 기슭이 넓어서 개구리와 물고기가 살기에 적당하다.
그 대신 산소가 모자라서 생물이 무한정 번식하지는 못한다. 물속 깊이 들어가면 산소가 거의 없다.

빈영양호는 한마디로
영양분이 모자란 호수다.
질산과 인산이 부족하다.
물은 거울처럼 맑고 깊다.
기슭은 좁고 투명하다.

맑아서 좋다만 낚시하긴 글렀다!

거기 누구 없소?

내륙 습지

해안 습지처럼 내륙 습지도 식량을 많이 생산한다. 늪, 수렁, 물구덩이와 홍수가 나면 물에 잠기는 범람평원, 여름에는 습지가 되는 북극 지방의 툰드라가 모두 내륙 습지에 들어간다. 물은 고요하며 차갑지가 않다. 영양분은 주로 식물의 줄기로 모인다. 플랑크톤도 많다. 포유류, 조류, 양서류, 곤충이 모두 습지에서 잘 산다.

습지가 하천을 관리하는 이치는 스펀지와 비슷하다. 비가 안 오는 건기에는 땅이 바짝 말라서 쩍쩍 갈라지고 숭숭 구멍이 뚫린다.

비가 오는 우기나 얼음이 녹는 봄에는 부풀어올라서 지상으로 물이 배어나오게 하거나 아니면 지하수로 흘러내리게 한다.

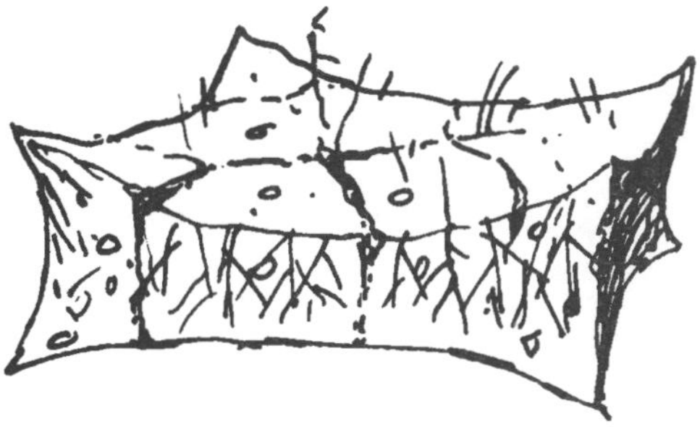

습지가 없으면 홍수가 잘 나고 땅도 잘 깎여 내려간다. 농경지로 메워지는 것 말고도 지구온난화로 세계의 습지는 날이 갈수록 줄어들고 있다.

생명은 물에서 시작되었지만 물 밖으로도 생명은 퍼졌다.
수억 년 전 생명은 땅으로 올라갔다. 자연사박물관에 가면 허파 달린 폐어가 처음으로
땅으로 올라간 생명이기라도 한 것처럼 요란을 떨지만 소비자인 폐어가 땅에서
살아가려면 생산자인 식물이 먼저 땅에 뿌리를 내렸어야 했다.

처음으로 땅에 뿌리를 내린 생명체는 생산자였을 것이다. 단세포식물이나 박테리아였을 가능성이 높다.
바위에 녹색 식물이 자리를 잡은 다음에야 비로소 단세포동물을 중심으로 소비자가 나타날 수 있었다.

곤충, 절지동물, 어류 같은 소비자는
원시 물풀, 이끼, 고사리 같은 생산자에 얹혀살면서
수많은 종으로 갈라져나갔다.

◈ CHAPTER 5 ◈
흙이 만드는 세상

육지는 기후와 지리에 따라 몇 가지의 기본적인 **생물군계**으로 나뉜다.
기후가 다르면 그곳에 사는 동식물도 달라진다.
반면에 거리가 아무리 떨어져 있어도 환경 조건이 비슷하면 생물군계도 엇비슷해진다.

날씨는 적도로 갈수록 더워지고 극지방으로 갈수록 추워진다. 또 하늘로 올라갈수록 기온이 떨어진다.
강수량은 적도에서 가장 많고 동지선(동지에 해가 머리 위에 오는 선으로 남회귀선이라고 하며 남위 23.27도)과
하지선(하지에 해가 머리 위에 오는 선으로 북회귀선이라고 하며 북위 23.27도) 부근에서는 줄어들었다가
다시 위로 올라가면서 많아진다.

땅을 사막, 초원, 숲으로 만드는 것은 결국 강수량이다.
또 기온은 동식물의 생존 전략에 영향을 미친다.
전세계의 생물군계를 한자리에 모으면 그 비율을 한눈에 알 수 있다.

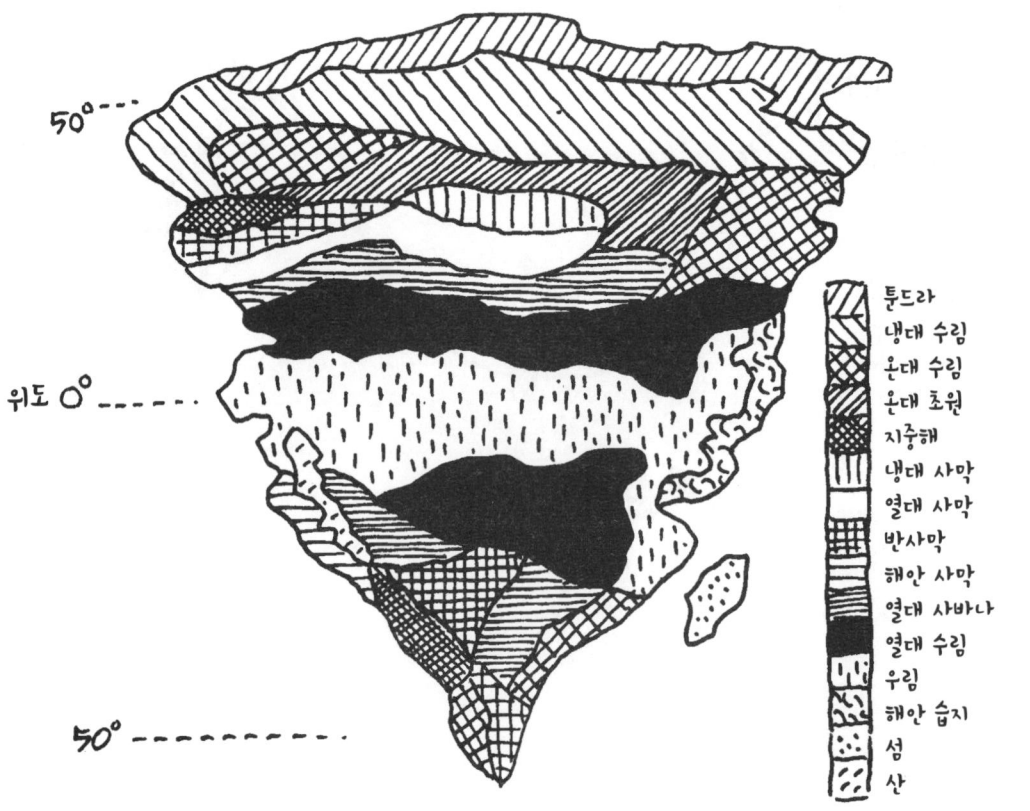

세계의 주요 생물군계를 잠시 둘러보자.

극지방의 초원 또는 북극 툰드라

북극권과 수목한계선 사이의 지역을 말한다(그리고 고산 지대에서는 수목한계선 위를 가리킨다).
툰드라의 생물 제약 요소는 **열**과 **빛**(사실은 추위와 어둠)이다.
식량을 생산하는 종이 워낙 드물다.
땅은 1년 내내 얼어붙어 있고 나무뿌리도 얼음에 쌓여 있다.
겨울엔 혹한이 몰아친다.

짧은 여름은 얼음이 녹는 해동기다.
땅은 곳곳에 웅덩이와 수렁이 널린 진창이 되고 키 작은 식물은 싹이 트고 꽃이 핀다.
이곳을 터전으로 삼은 동물은 대개 초식동물인데 겨울에는 땅을 파고 들어가 웅크려 지낸다.
여름에는 덩치 큰 초식동물이 몰려와서 풀을 뜯어먹고 다시 남쪽으로 돌아간다.
여우, 스라소니, 곰도 이곳에 산다.

식물이 워낙 더디게 자라고 흙도 얇아서 툰드라는 가장 허약한 생물군계이다.
100년 전에 난 자동차 바퀴 자국이 아직도 남아 있는 곳이다.

냉대 수림 또는 타이가

차갑고 습한 타이가는
북미와 유라시아에 걸쳐 있으며
전체 육지 면적의 11%를 차지한다.
겨울은 길고 추운데 여름은 더 길며
툰드라보다 덥다.
미국의 요세미티, 세쿼이아,
옐로스톤 국립공원도
타이가 지역에 들어간다.

사시사철 푸른 침엽수가 많고 바닥도 뾰족뾰족한 나뭇잎과
낙엽으로 덮여 있고 추위에 강한 떨기나무와 식물이 간간이 박혀 있다.
덩치 큰 초식동물로는 큰사슴, 검은꼬리사슴, 순록, 엘크 등이 살고
작은 초식동물로는 토끼, 다람쥐와 기타 설치류가 산다.
곤충은 별로 다양하지 않아서 나비, 풍뎅이, 말벌, 파리 정도다.
육식동물은 얼룩이리, 스라소니, 여우, 담비, 밍크, 수달, 족제비를 들 수 있다.

침엽수는 쑥쑥 자라므로 종이와 펄프 원료로 쓰여 경제성이 높다.
자연히 남벌로 타이가 생태계가 위협받고 있다.

온대 낙엽수림

한때는 유럽 중부, 중국 동부,
미국 북동부를 뒤덮었지만
지금은 대부분 농경지로 바뀌었다.

비가 넉넉히 오고 철마다 기온도 적당히 바뀐다.
식물이 자라는 생장기도 4~6개월에 이른다.

낙엽수림은 다시 층층이 나뉜다.
지붕에 해당하는 꼭대기층이 있고 그 밑에 키 작은 활엽수가 있다.
다시 그 아래 떨기나무가 있고 그 밑으로 풀이 자라고 마지막으로 이끼류가 있다.
가을에 기온이 떨어지면 잎도 떨어진다.
잎이 썩어서 흙을 기름지게 하면 식물도 풍성해진다.

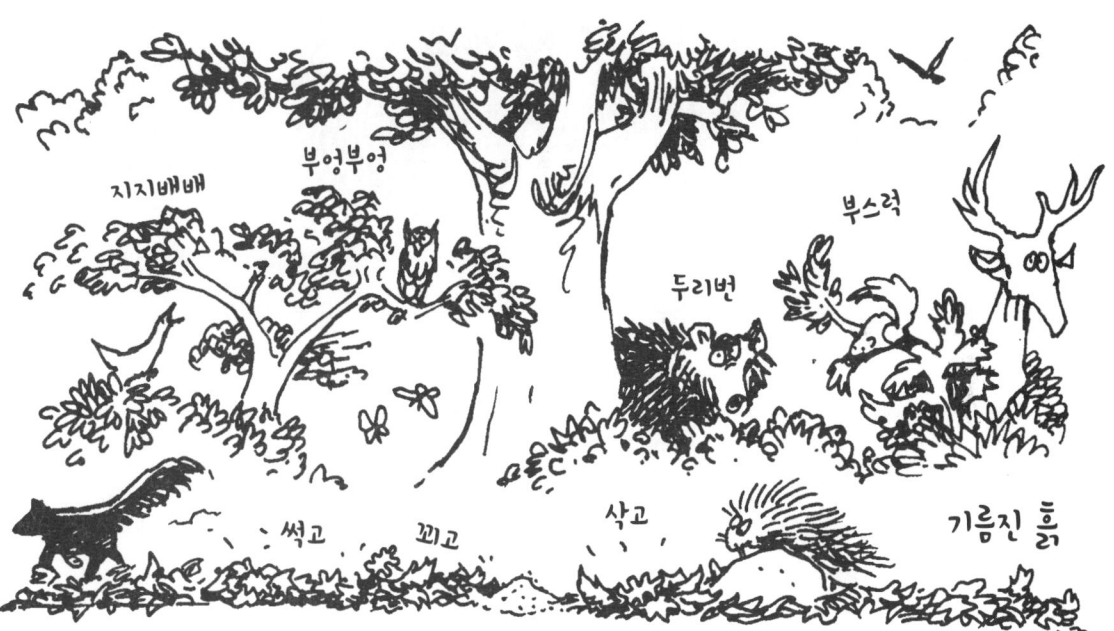

먹이층이 다채로우니까 초식동물도 흰꼬리사슴, 흑곰, 비버, 가시도치, 주머니쥐, 개곰,
스컹크, 다람쥐, 뒤쥐, 토끼처럼 다양하다. 육식동물은 늑대, 살쾡이, 여우, 너구리 등이다.
인간 때문에 가장 많이 망가진 생물군계이며 천연 그대로의 모습을 간직한 곳은 드문 편이다.

초원

숲이 들어서기에는 비가 너무 적고
그렇다고 사막이 될 만큼
비가 안 오지도 않는 지역에 생긴다.
겨울은 춥고 여름은 덥고 건조하다.
연중 바람이 많이 분다.
비가 많이 올수록 풀도 키가 크다.

농사를 짓기 전만 하더라도 미국의 대평원은 들소, 영양, 사슴 같은 큰 초식동물, 들개, 토끼 같은 작은 초식동물, 늑대, 코요테, 표범, 사람 같은 포식자가 어울려 살았다.

그렇지만 풀이 쑥쑥 자라는 대평원은 이제는 밀과 옥수수를 기르는 농지로 대부분 바뀌었다.

초원은 바람, 햇볕,
심한 기온차에 언제나 시달린다.
가뭄이 들거나 땅을 함부로 쓰면
강풍에 금쪽 같은 흙이 깎여나가서
초원이 사막으로 변한다.

사막

육지의 4분의 1을 차지한다.
고비 사막 같은 **냉대 사막**은 여름은 따뜻하고 겨울은 몹시 춥다.
캘리포니아의 모하비 사막 같은 **온대 사막**은 여름은 덥고 겨울은 춥다.
사하라 사막 같은 **열대 사막**은 사시사철 덥기만 해서 생명이 살기에 적당치 않다.
사막은 물이 적어서 생물종도 다양하지 못하다.
사막 식물은 귀중한 물을 모으고 아끼는 데 유리한 쪽으로 진화했으며 아주 느리게 자란다.
사막 생태계는 허약하다.

열대 우림

가장 다양한 생물종을 가진
생물군계로 육지 면적의 15%를
차지하지만 갈수록 줄어들고 있다.
비가 많고 기온이 높은 적도 부근에 몰려 있다.

열대 우림의 제약 요소는 햇볕이다.
숲이 너무 무성하다 보니 아래로는 볕이 안 든다.
꽃가루를 실어날라줄 바람도 거의 안 분다.
열대 우림 식물은 새와 벌레, 박쥐 등의
도움으로 수정을 한다.

바닥에서는 공터 가장자리를
빼놓고는 식물을 찾아보기 어렵다.
땅으로 떨어지는 것은 벌레들이
재빨리 먹어치운다.

식물의 양분은 대부분 흙이 아니라 땅 위 식물에서 나온다. 난초처럼 다른 식물의 몸통에 붙어사는 **착생식물**은 양분을 다른 식물에서 빨아들인다. 나뭇가지에는 벌레, 새, 개구리, 파충류, 포유동물이 뒤섞여 산다. **열대 우림에 있는 나무** 한 그루에 사는 생물종의 수가 타이가 전체의 생물종보다 다양하다.

열대 우림 생물군계의 흙은 양분이 빈약하다.
알루미늄과 철분이 많아 **벌건흙**이라고 하는데 벌채로 햇볕에 노출된 곳은 벽돌처럼 쩍쩍 갈라진다.

열대 초원

사바나라고도 하며 육지의 11%를 차지한다.
비가 안 오는 두 번의 긴 건기가 있고
겨울이 없으며 나머지 기간에는
비가 많이 오는 지역에 만들어진다.

열대 초원은 키가 큰 풀이
드넓게 퍼졌고 나무도
드문드문 자란다.
열대 초원의 수풀은
빨리 자라서 열대 우림에
버금가는 식물 자원을
만들어낸다. 그래서
엄청난 숫자의
초식동물을 먹여살린다.

두 생물군계 사이에는 중간적 성격을 띤 **추이대**가 있다.
한마디로 두 생물군계나 생태계가 만나는 곳이다.
추이대는 두 생물군계의 생물은 물론이거니와 자기만의 독특한 생물도 품는다.

추이대에서는 생물의 종수도 많아지고 서식 밀도도 높아지는데 이것을 **가장자리 효과**라고 부른다.

그런데 이 가장자리는 고정된 것이 아니라 늘 움직이는 것이라서 생명은 더욱 풍부해진다.

생물군계가 마치 불변하는 것처럼 말했지만 사실은 늘 변한다.
오는 종도 있고 가는 종도 있다. 환경은 자꾸 바뀌고… 경계선도 달라진다.
새로운 기회도 나타나고 새로운 어려움도 나타난다.

특히 생명은 기원지를 터전으로 삼아 불모지를 풍요한 생태계로 만들기도 하는데
이 과정을 **생태 천이** 또는 **군락 발전**이라고 한다.

1차 천이

흙다운 흙이 전혀 없는 곳을 생명이 처음 찾았을 때 일어난다. 가령,

식은 용암.

산사태로 땅이 푹 꺼지면서 드러난 속흙.

새로 만들어진 모래톱.

노천광.

처음에는 미생물, 이끼 등이 몰려온다.

이 개척자들은 주로 작은 생산자 아니면 유기물을 썩히는 분해자다.
식물도 키 작은 한해살이가 대부분인데 이런 식물은 r전략으로 번식한다.
다시 말해서 뿌리, 줄기, 잎을 만들기보다는 일단 씨를 많이 퍼뜨리는 데 주력한다.

이런 과정을 거쳐서 흙이 만들어지면 잡초도 뿌리를 내리고 먹이나 숨을 곳을 찾아 동물도 찾아든다.

2차 천이

식물은 없어졌어도 흙은 온전히 남아 있을 때 일어난다. 가령,

버려진 농장.

산불이 일어난 숲이나 벌채된 숲.

홍수가 휩쓸고 지나간 땅.

이런 곳에서는 몇 주만 지나면 새로운 식물이 돋아난다. 역시 한해살이풀이 먼저 나온다.

다음에 잔디, 떨기나무, 어린(무른나무) 숲이 만들어지고 마지막에 가서 굳은나무가 주종을 이룬 숲으로 큰다.

잠깐 : 천이가 순서대로 착착 진행되는 것처럼 보일지 모르지만 실제로 어떤 종이 어떤 순서로 나타나는가는 각 생태계의 조건에 따라 크게 달라진다.

생태계가 원숙해지면 생물종도 다양해지고 개체군 크기도 안정되며 동식물이 맺는 상호관계도 복잡해진다. 개체들이 살아남으려면 훼손되지 않은 이런 생태계가 넓어야 한다.

생태계가 안정될수록
생물종도 다양하다고
그동안 생태학자들은 믿었다.
생물종이 다양하면
위기가 닥쳤을 때
생태계도 여러 가지로
대응할 수 있다고
보았던 것이다.

그런데 생물종 다양성과 생태계 안정성은 꼭 같이 가는 것이 아니고
어쩌면 둘 사이에는 아무런 관계가 없을지도 모른다.
복잡한 생태계도 쉽게 망가지기 때문이다!

생태계의 안정은 그렇게 단순하지 않다.
적어도 다음 3가지를 고려해야 한다.

관성
항상성
복원력

관성은 생태계가 변화에 맞서는 능력이다.
가령 열대 우림은 관성이 높다.

항상성은 살아 있는 생태계가 개체 숫자를 일정하게
유지하는 능력이다. 사람은 항상성이 아주 높다.

복원력은 외부의 영향으로
망가졌다가 되살아나는 능력이다.
가령 초원은 불이 나도 금세 복원된다.
식물의 뿌리가 땅속에 남아 있기 때문이다.

그렇지만 생물종이 다양하면서 관성이 높은
열대 우림은 복원력이 아주 낮다. 한번 망가지면
열대 우림은 그냥 사라진다. 땅의 양분과 물의 순환이
열대 우림을 지탱하지 못하기 때문이다.

반면 초원은 생물종은 빈약하고
관성은 낮은 대신 복원력은 높다.

생태계가 상당히 안정된 **평형** 상태를 누리고 있다는 것도 착각이다. 	생태계가 평형에 이르는 것은 사실은 굉장히 드물다. 자연은 끊임없이 흔들린다. 
균형보다는 변화와 요동이 자연의 본모습이다. 	개체군과 군집은 이 끝과 저 끝 사이에서 왔다갔다하지 중간에 가만히 있는 경우는 드물다. 
생태계를 휘저으면 생태계는 **새로운 양극단** 사이에서 굴러간다. 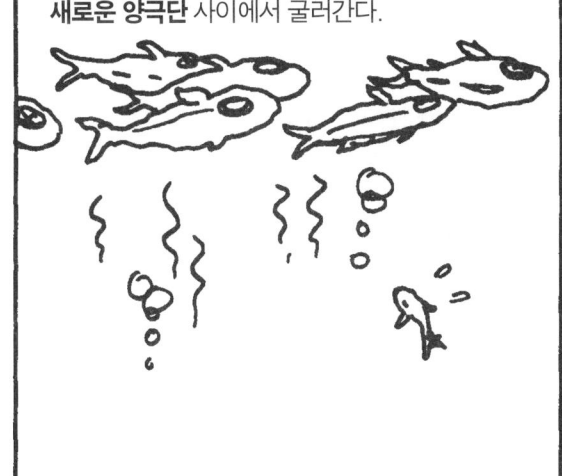	평형 상태라는 것은 사람의 머릿속에만 존재하는 이상이다. 

자연계는 굉장히 복잡하지만
우리가 아는 것은 극히 일부분이다.
어느 정도는 불가피한 면도 있다.
거대한 생태계 자체를 엄밀한 실험의 대상으로
삼을 수가 없기 때문이다. (실험을 통해
비교를 하려면 똑같은 생태계가 하나 더 있어야 한다!)
또 관련 변수를 모두 파악해서 관찰한다는 것도
현실적으로 불가능하다.

그래서 실험실에서 간단한 계를 놓고 실험을 하지 않으면 컴퓨터로 시뮬레이션을 한다.
거기서 무언가 건질 때도 있지만 현실 세계가 정말로 그렇게 돌아간다고 자신 있게 말할 수는 없다.

그렇지만 생물종이 어떻게
영향을 주고받는지에 대해서는 조금 안다.
다음 장에서는 생물종과
생물종의 가장 단순한 어울림에
대해서 알아보자.

· CHAPTER 6 ·
먹는 것이 남는 것이여!

조금 거북한 생각일지는 모르지만
다른 생물을 먹는다는 것은 곧
다른 생물의 **화학에너지를**
가로챈다는 뜻이다.

버거가 위 안으로 들어가면 효소가
음식의 화학 성분을 분해해서
몸 안의 다양한 활동계로 실어나른다.

가령 지방은 호흡을 통해 빨아들인 산소와 결합하여
세포 안에서 활활 타면서 열에너지를 낸다.
속도가 느리다 뿐이지 이치는 불이 타는 것과 똑같다.

이런 열에너지를 가지고 몸을 37도로 데우고
움직이고 생각하고 숨 쉰다. 한마디로 생존한다!

음식은 또 몸의 재료를
만드는 데도 쓰인다.

물론 사람만
먹는 것이 아니다.
생물은 모두
먹이를 먹는다.
온 생명계가 이렇게
먹는 과정을 통해서
에너지를 바쁘게
실어나른다.

생태계 안에서 에너지가
어떻게 움직이는지는
무엇이 무엇을 먹는지에 달려 있다.
먹는 것과 먹히는 것의 연쇄를
먹이사슬 또는 좀더 정확하게는
먹이그물이라고 한다.

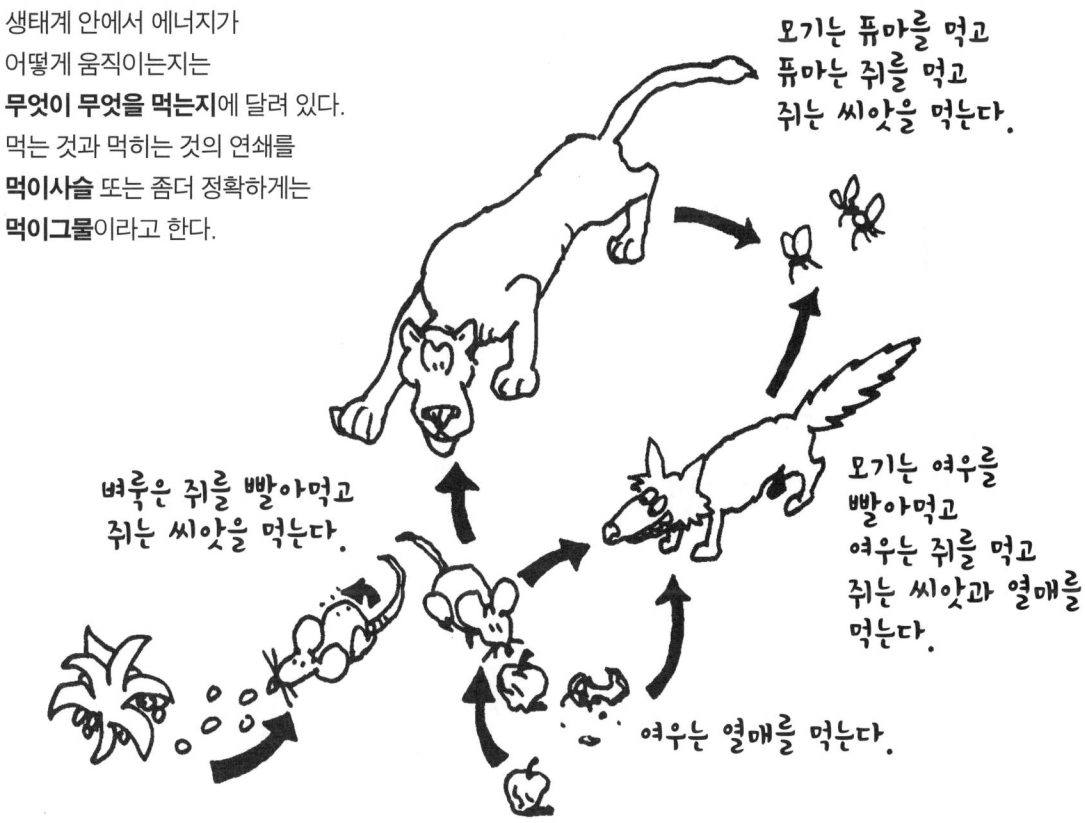

여우 같은 잡식성동물은 사시사철 쥐, 딸기, 메뚜기, 떨어진 사과 등
먹이를 가리지 않고 닥치는 대로 먹는다.

열역학 제1법칙에 따르면

에너지는 새로 생기지도 않고
없어지지도 않는다.

이렇게 꿀꺽꿀꺽 삼킨다고 해서 에너지가 새로 만들어지는 것은 아니다.
그저 어딘가에서 온 에너지를 실어나를 뿐이다. 어디에서 오냐고?
먹이사슬을 끝까지 따라가면 식물이 나오고 식물은 태양에서 바로 에너지를 얻는다.
그러니까 만물을 먹여살리는 것은 태양*이다.

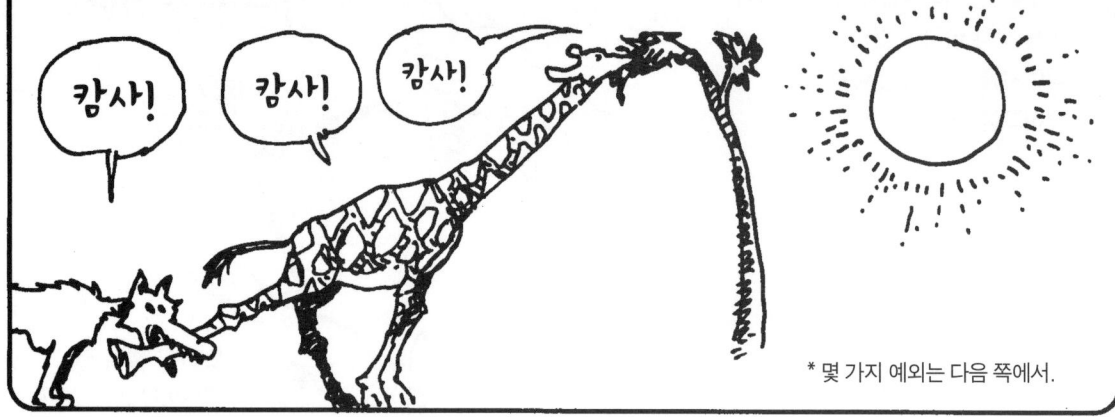

* 몇 가지 예외는 다음 쪽에서.

인간이 나타나기 전까지는
생명체가 에너지를 얻는 방식은
따뜻한 곳에 가만히 앉아 있거나
무언가를 먹거나 2가지 방식뿐이었다.

지구가 받는 햇빛의 **30%**는 우주로 반사되고 **50%** 가까이는 열로 바뀌며 나머지는 증발, 비, 바람 등 물 순환에 모두 쓰인다.
생명이 쓰는 햇빛은 **1%밖에 안된다**.

그렇지만 그 얼마 안되는 햇빛이 생명에게 필요한 모든 식량을 **광합성**으로 제공한다.

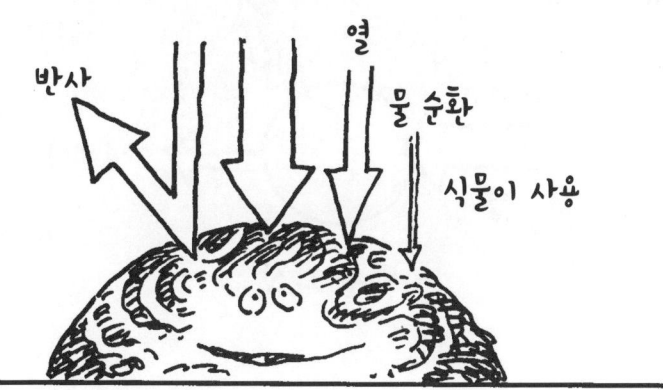

광합성은 **태양에너지를 화학에너지로 바꾸어 저장**한다.
녹색식물 세포에서
공기 안의 이산화탄소,
땅에서 빨아올린 물,
태양에서 온 햇빛이 뭉쳐서
당을 만들어낸다.
당은 복잡한 유기화합물로
화학에너지를 담고 있다가 나중에 쓴다.
광합성의 찌꺼기로 나오는 것이 산소다.

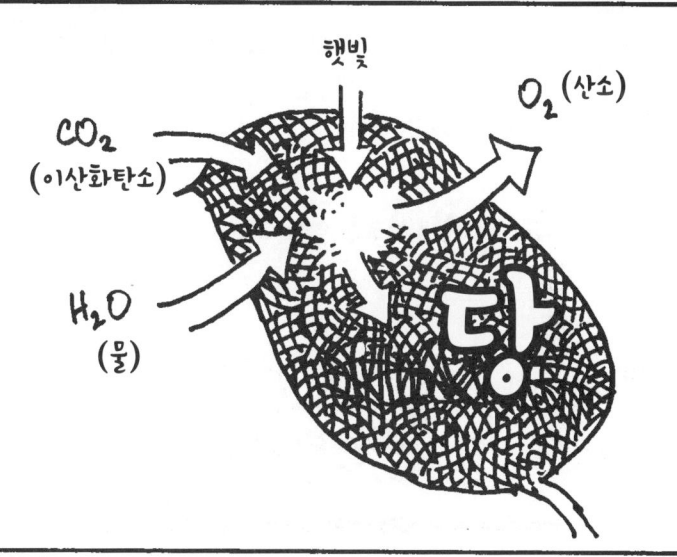

이렇게 저장된 화학에너지가 지구의 모든 생물지질화학 순환의 원동력이다.

예외 : **심해의 화산 구멍**에는 황을 좋아하는 박테리아가 지열을 화학에너지로 바꾼다.
이것이 **화학합성**이다. 이런 박테리아는 어둠 속에서 벌레, 게, 조개를 먹여 살린다.

화산열은 지구 원소의 **방사선 붕괴**가 만드는 에너지에서 나온다.

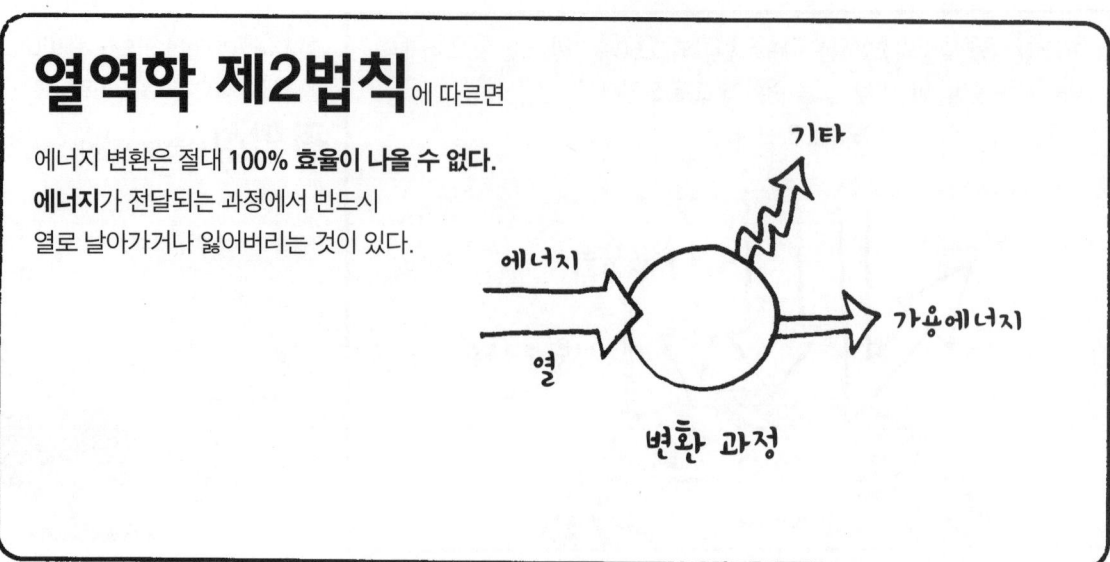

열역학 제2법칙에 따르면

에너지 변환은 절대 **100% 효율**이 나올 수 없다.
에너지가 전달되는 과정에서 반드시
열로 날아가거나 잃어버리는 것이 있다.

가령 자동차가 가솔린이라는 화학에너지를 운동으로 바꿀 때 대부분의 에너지는 열로 바뀐다.
엔진과 배기가스는 뜨거워지고 마찰은 바퀴 베어링을 달군다.
원래 화학에너지의 **15%**만 실제로 차를 움직이는 데 쓰인다!

마찬가지로 **식사**도 비효율적이다.
음식 안에 들어 있는 화학에너지의
일부만 쓰이고 나머지는 허비된다.

생태 효율성은 먹이사슬 효율성이라고도 하는데

각 소비 단계에서 잡아낸 가용에너지를 말한다.
가령 식물은 지역에 따라서 **1~3%**의 효율성을 보인다.
지구가 흡수하는 태양에너지의 1~3%만
생물자원으로 바뀌는 것이다.

초식동물은 보통 먹는 식물에너지의 **10%**를 쓴다.
나머지는 열이나 땀으로 날아간다.

육식동물도 **10%**가량을 쓴다. 그러니까 식물에너지의
1%만 온전히 육식동물에게 전달된다는 소리다.

어떤 소비 단계의 총효율성은
그때까지 먹이사슬에 관여한
생물종의 효율성을 모두 곱한 값이다.
식물의 효율성을 2%로 잡으면
육식동물의 총효율성은

$$0.02 \times 0.1 \times 0.1 = 0.0002$$

그러니까 지구가 흡수한 태양에너지의
0.02%만이 풀과 초식동물을 거쳐
육식동물까지 무사히 전달된다는 뜻이다.

먹이사슬의 각 층위에 대해서도
생각해볼 수 있다.
최초의 영양단계에는
녹색식물과 광합성,
화학합성을 하는
박테리아가 있다.

두 번째 영양단계에는 식물을 먹는 초식동물이 있다.
1차 소비자라고도 한다.

이렇게 이산화탄소와 물을 가지고
스스로 먹이를 생산하는 생물을
독립영양체라고 한다.

세 번째 영양단계에는 초식동물을 먹고 사는
육식동물이 있다. **2차 소비자**라고도 한다.
어떤 생태계에는 육식동물을 먹는 육식동물도 있다.
이를 **3차 소비자**라고 한다.

식물이 아닌 **종속영양체**는
스스로 먹이를 만들지 못하므로
식물이나 다른 종속영양체를 먹고 산다.

여러 영양체를 가리지 않고 먹는
잡식동물도 있다.

이것들은 모두 덩치가 큰 **거대소비자**다.

많은 지상 생태계에서 식물의 90%는 땅에 떨어져 곧바로 분해된다.

"그런데 눈에 안 보이는 녀석들이 사실은 더 겁난다우. 으… 가려워!"

처음에는 노래기, 바구미 같은 벌레가 먹지만 마지막에는 박테리아나 버섯이 처리한다.

이것을 **미시소비자**라고 하는데 주로 시체를 분해한다. 대부분이 박테리아나 곰팡이다.

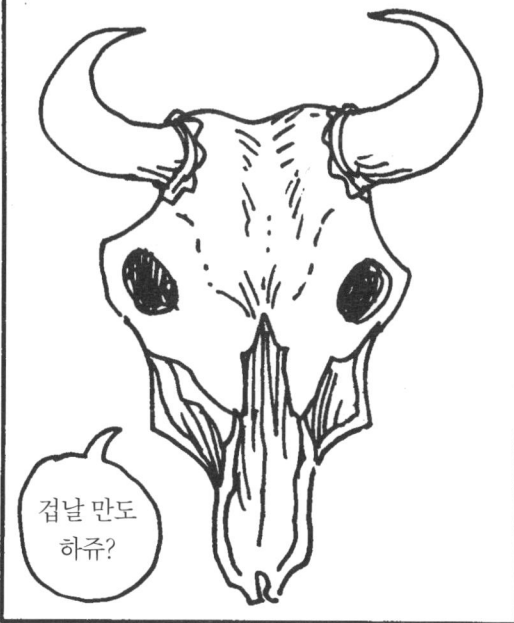

"겁날 만도 하쥬?"

"버섯은 다시 먹이사슬로 들어간답니다!"

종은 생태계 안에서
자기 자리를 찾아내야 한다.
물도 적당하고 햇빛도 적당하고
기온도 적당하고 먹이도 풍부한
서식지로 파고들어야 한다.
이렇게 생존에 유리한
요소들을 모두 갖춘 곳을
니치(niche, 생태적 지위)라고 한다.

종마다 니치는 다르다. 보통 식물은 볕이 잘 들고 물이 잘 빠지는 언덕바지를 좋아하지만 어떤 식물은 물이 잘 안 빠져서 습하고 그늘이 진 곳을 좋아한다.

우린 그늘에 있어야 빛을 봐요!

별별 니치가 다 있다. 가령 잉글랜드에 사는 찌르레기는 양이나 사슴의 몸에서 튕겨 나오는 진드기만 먹고 산다.

내 진드기는 어떻게 안 될까?

댁도 잉글랜드에 사슈?

자원이 풍부하면 니치는 넓지만
대부분은 자원이 부족하므로
겹치는 니치 안에서 **경쟁**이 벌어진다.

두 종이 똑같이 희귀한 자원을 놓고 경쟁을 벌이면 보통은 한 종이 다른 종을 몰아낸다.
밀려난 종은 먹고 살 방도를 찾아내야 한다. 이것을 어려운 말로 **경쟁배타의 원리**라고 한다.

> 우리 파타고니아로 가자. 거기서 덩치를 키워서 얄미운 갈매기 놈들을 잡아먹자!

두 종이 공유하던 니치가
잘게 쪼개지는 경우도 있다.
가령 가마우지와 민물가마우지는
모두 물속으로 잠수해서
물고기를 잡아먹는 새인데
가마우지가 민물가마우지보다
더 깊은 곳에 사는 물고기를 잡아먹는다.

> 이 아래 물고기 씨가 마르면 그땐 사생결단 나는 거 알지?

> 그려요~

이렇게 두 종이 섞여 사는 과정에서 **각각의 개성을 살린** 진화가 이루어질 수 있다. 가령 한 종은 가늘고 긴 부리를 발전시켜서 큰 벌레를 잡아먹는가 하면 다른 종은 투박하고 뭉툭한 부리로 씨를 깨트려 먹는다. 이것을 어려운 말로 **형질 강화**라고 한다.

이렇게 같이 섞여 사는 것이 불가능할 때도 있다.
그럴 때는 더 빠르고 강하고 제약 요소의 변화를 잘 이겨내는 종이
경쟁력에서 우위를 보이면서 다른 종을 완전히 **멸종시킨다.**

생물이 꼭 죽기 살기로 경쟁을 하는 것만은 아니다.

공생은 두 종이 에너지를 나누거나 장점을 공유하면서 평생 관계를 맺는 것이다. 이득을 보는 양상에 따라서 공생을 3가지로 나눌 수 있다.

일방공생에서는 한 종만 이득을 보고 다른 종은 손해도 이득도 없다. 가령 우리가 밤을 먹어도 밤나무는 반응을 보이지 않는다.

내색을 안 해서 그렇지 솔직히 기분 더럽거든!

상호공생에서는 두 종이 함께 득을 본다. **산호**가 좋은 예다. 산호는 미생물에게 보금자리를 내주는 대신 미생물이 분비하는 영양분을 먹고 산다.

기생에서는 한 종이 다른 종에게 얹혀살면서 조금씩 에너지를 빨아먹는다. 거머리, 벼룩, 진드기가 있고 박테리아, 원생동물, 진균 등에 의한 감염도 이치는 기생이다.

목욕 좀 하고 삽시다!

포식은 이치가 간단하다.
한 종이 포식자가 되어 다른 종을 먹이로 **사냥하여 잡아먹는** 것이다.

생태계 안에서 에너지는
이런 식으로 전달된다.
(부패도 에너지 전달의 한 방식이다.)

포식은 잔인해 보이지만 먹이가 되는 종에게도 나쁠 건 없다.
포식자가 먹이로 삼는 것은 주로 느리고 어려서 만만한 개체이므로
빠르고 튼튼한 개체만 살아남기 때문이다.

포식자 개체군과 먹이 개체군은 **역동적 균형**을 이룬다.
너무 많이 잡아먹으면 먹이 개체군이 줄어들어서
결국 포식자도 굶어죽는다.
그러면 먹이 개체군은 다시 커지고
덩달아 포식자 개체군도 커졌다가
다시 똑같은 과정을 거쳐서 규모가 줄어든다.
오른쪽 그림은 약간의 시차를 두고
두 집단이 똑같이 커졌다 작아졌다
하는 것을 보여준다.

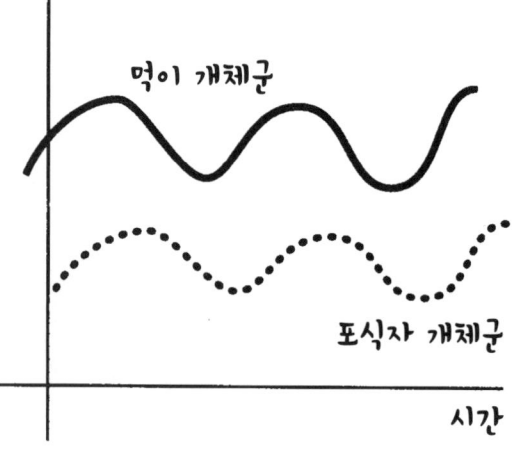

포식자는 먹이사슬의 꼭대기에 있다. 먹이에너지는 식물에서 포식자로 올라가 거기서 멈춘다.
(땅에서는 포식자끼리 잡아먹는 법이 드물지만 바다에서는 포식자 사이에서도 먹이사슬이 이어진다.
하지만 어딘가에서는 끝이 난다.)

물론 포식자에 기생하는 종으로 넘어가는 에너지도 있다(벼룩, 진드기, 상어에 붙어사는 칠성장어, 대장균 등).
하지만 아주 적은 양이다.

포식자도 죽으면 화학에너지가 시체를 전문적으로 처리하는 동물을 통해서 다시 생태계로 돌아간다.

포식자의 번식을 제약하는 요소가 있다.

그런데 어떤 괴물 포식자가 있어서 이런 제약을 모두 뛰어넘었다고 치자.
사냥 솜씨를 끝없이 갈고 닦아서 닥치는 대로 먹는 포식자…. 그뿐인가,
다른 동물은 까맣게 몰랐던 **에너지 확보의 비밀**을 알아낸 포식자. 그게 누구일까….

CHAPTER 7
사냥에서 농사로

사람도 생명이라는 복잡한 그물의 일부분이다.
사람은 모든 **영양단계**에서 먹이를 얻는다. 사람을 위협하는 **포식자**는 드물다.
사람은 수많은 **공생 관계**를 맺는다. 대장균은 사람의 소화를 돕고
그 대신 따뜻하고 안전한 사람의 장 안에 둥지를 튼다.
그런가 하면 사람의 몸 안에는 **기생충**도 있다.
비둘기나 바퀴벌레는 **일방공생** 관계에 있다(사람은 하나도 득을 안 보고
비둘기나 바퀴벌레만 득을 본다).

사람은 재미 삼아 정원을 가꾸기도 하지요!

물론 사람의 생활 방식은 많이 바뀌었다.
200만 년만 하더라도 사람은
수렵채집자로 니치를 찾아 지냈다.
지금까지 사람이 살아온 기간의
99% 동안 그렇게 살았다.

지금도 수렵채집 생활을 하는 사회가 있는데 그렇게 팔자가 편할 수가 없다.
어디에 먹을 것이 있는지만 알면 굳이 일을 열심히 할 필요가 없다.
그래서 주로 놀이를 하거나 대대로 전해 내려오는 조상 이야기를 하면서 시간을 보낸다.

수렵채집 사회는 규모가 작아서 여간해서는 50명을 안 넘는다.
이동 생활을 하니까 재산은 애물단지다.
인구 조절은 노인이나 아기를 버리거나 죽여서 한다.

한 집단이 너무 커지면 그중 한 무리가
떨어져나가기도 한다.

조금 섬뜩하기는 해도
이렇게 느긋한 사회가 왜 달라졌을까?
누가 뭐래도

불 때문이었다.

사람이 처음으로 찾아낸 **숨은 에너지원**이 바로 불이었다.
나무에서 에너지를 얻을 생각을 한 동물이 나무를 쏠아먹는 흰개미 말고 또 있을까?
이렇게 어디나 들고 다닐 수 있는 여분의 에너지를 등에 업으니
이제 거주 공간의 제약이 없어졌다. 추위도 겁 안 났다.

옷은 사람이 처음으로 발명한 에너지 보존 기술이었다.*

* 어쩌면 제2의 발명인지도. 집도 열을 보존하니까.

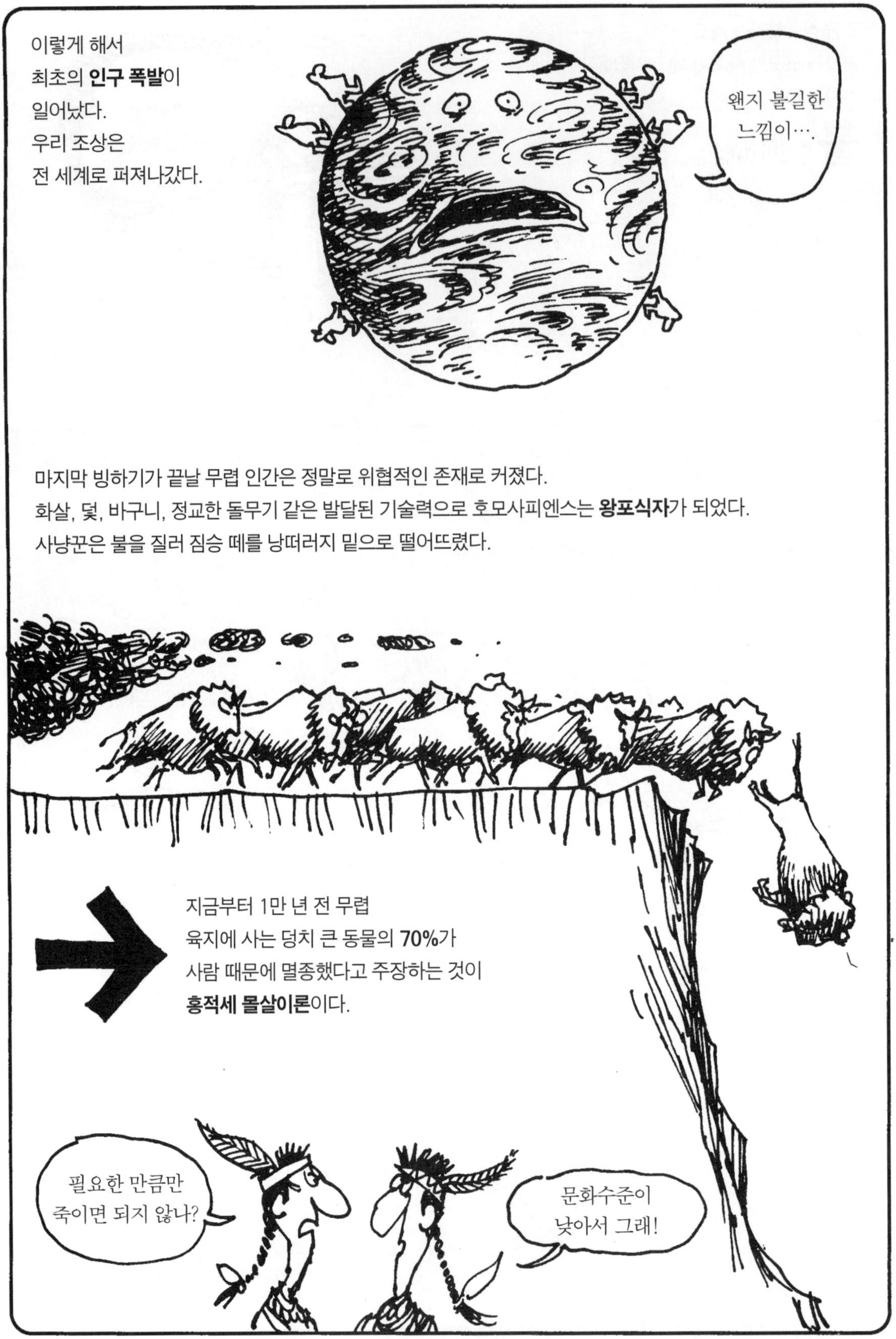

이렇게 해서 **최초**의 **인구 폭발**이 일어났다.
우리 조상은 전 세계로 퍼져나갔다.

왠지 불길한 느낌이….

마지막 빙하기가 끝날 무렵 인간은 정말로 위협적인 존재로 커졌다.
화살, 덫, 바구니, 정교한 돌무기 같은 발달된 기술력으로 호모사피엔스는 **왕포식자**가 되었다.
사냥꾼은 불을 질러 짐승 떼를 낭떠러지 밑으로 떨어뜨렸다.

→ 지금부터 1만 년 전 무렵 육지에 사는 덩치 큰 동물의 **70%**가 사람 때문에 멸종했다고 주장하는 것이 **홍적세 몰살이론**이다.

필요한 만큼만 죽이면 되지 않나?

문화수준이 낮아서 그래!

홍적세 몰살론에 모두가 동의하는 것은 아니다.
마지막 빙하기 때 동물이 대거 멸종한 것은 기후 변화 때문이라고 믿는 과학자가 많다.
그렇지만 매머드, 땅나무늘보, 자이언트엘크 같은 동물이 사라지는 데
인간이 아무런 영향을 끼치지 않았다고 보기는 어렵다.

얼마나 많이 잡아먹어봤으면
그렇게 그림을 자세히
그리겠냐고요!

인간에게는 위기가 아닐 수 없었다.
인구는 400만 명으로 늘어났는데 사냥감이 확 줄어든 것이다.

이제는 소, 돼지,
양이나 먹을까?

무슨 재주로
잡니?

하지만 사람은 영리했다.
아무거나 잘 먹는 데다
기술이 있었고
위기를 기회로 바꾸는
머리가 있었다.

인간이 발명한 **농업**은 인류사에서,
아니 지구의 역사에서 가장 커다란 변화를 일으켰다.

농사를 지으니까 사람이 쓸 수 있는
에너지가 확 늘어났다.
**덕분에 인구도 늘어나고
사회가 복잡해졌다.**

농업으로 토지의 수용력이 커지자 자연히 인구는 늘어날 수밖에 없었다.
게다가 식량까지 많아졌고 인구는 더욱 늘어났다.

수렵채집 사회와는 달리
농업 사회는 대가족 중심이다.
자식이 많으면 일손이 많아지니까
수확량도 많아진다.
(지금 농업 국가에서
인구 조절이 잘 안 되는 것도
이런 심리 때문이다.)

복잡하게 얽힌 구조를
어려운 말로 복잡계라고 하는데
어떤 계 안으로
충분한 에너지가 들어오면
계는 **저절로 조직을 이루게 된다.**
(이런 생각을 처음으로
체계적으로 정리한 사람이
노벨상을 받은
일리야 프리고진이다.)

농업으로 식량이 충분히 공급되니까 사회에도 비슷한 현상이 일어났다.
분업이 이루어지고… 위계질서가 생기고… 지배층이 생기고… 신전… 시장이 생겼다.

이렇게 해서 **문명**이 들어섰다.

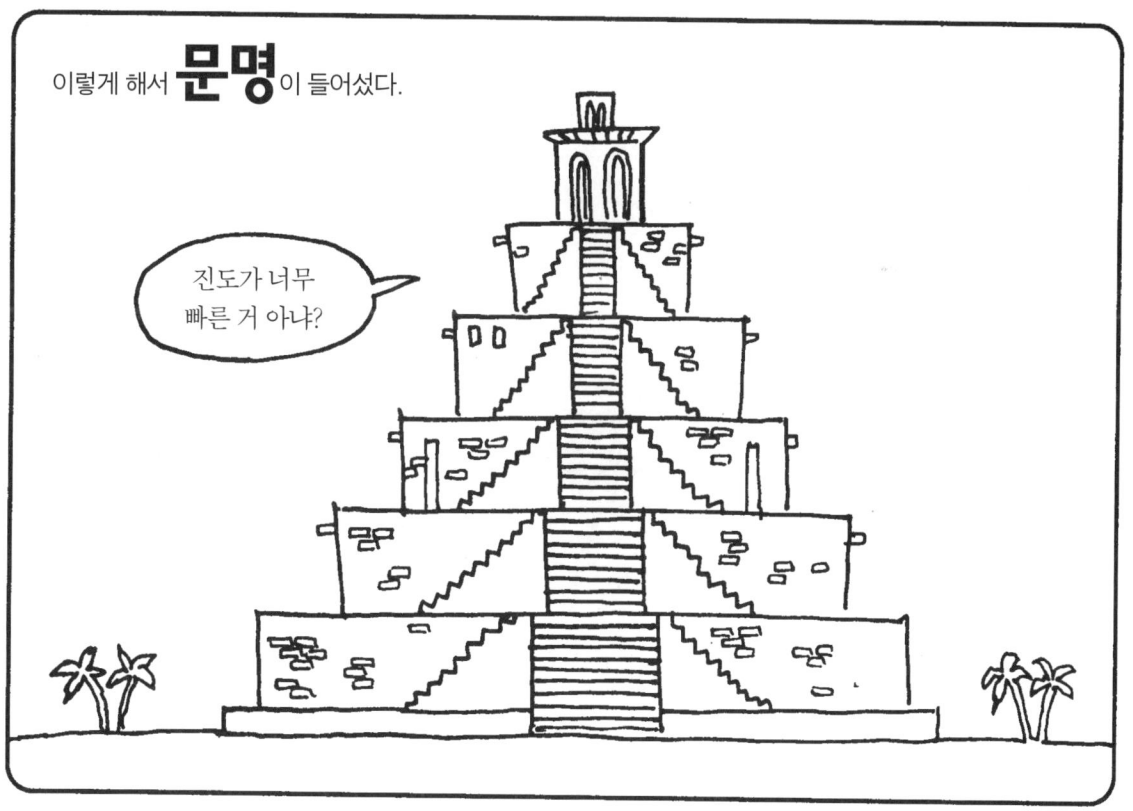

농업이 발달한 곳에서는 대부분 짐승을 길들여 키웠다.
여기서도 비슷한 효과가 나타났다.
가축이 식물에너지를 독차지하여 포식자를 포함한 야생동물은 설 자리가 없었다.

> 한 가지 불편한 건 이놈의 방울을 달고 다녀야 한다는 거죠.

> 훠어이 훠어이!

길들인 동물과 식물은 사람과 공생 관계를 맺는다.
사람은 동식물을 지켜주고 동식물은 사람을 먹여 살린다.

사람은 동물을 먹기만 한 것이 아니라
동물의 힘을 에너지로 써먹기도 했다.

> 당나귀가 끄는 마차를 타면 왠지 으쓱해지거든!

가축을 가진 사람은 큰소리를 쳤고 사회적 지위가 높아졌다.
길들인 동물을 타고 병사들도 더 먼 데까지 빠르게 이동할 수 있었다.

농사는 기원전 8,000년경 서아시아의 언덕에서 처음 시작되었다. 서아시아 사람들은 양과 염소를 길들이고 밀과 보리를 재배했다.

얼마 뒤 중국인은 수수, 돼지, 닭 그리고 나중에는 벼를 심고 수확했다.

그래서 중국 사람들이 저를 좋아하나봐요!

멕시코에서는 소출이 많은 변종들과 교배하는 옥수수의 특성 때문에 기원전 2,000년이 되어서야 옥수수를 재배하는 데 성공했다.
옥수수 말고도 고추, 호박, 토마토, 초콜릿을 키웠고 페루에서는 감자를 심고 라마를 길들였다.

그런가 하면 아프리카에서는 얌과 사탕수수를 심고 소를 키웠다.

기원전 2,000년 무렵에는 지금 우리가 심고 기르는 농작물과 가축이 모두 길들여졌다.
지금까지 사람이 길들인 가축은 **50종**밖에 안되며 사람이 주식으로 삼는 농작물의 종류도 그리 많지 않다.

농사를 짓는 사람은 뜻밖의 어려움에 봉착했다.

가장 큰 문제는 농사가 흙의 양분을 **빨아먹기만 한다**는 것이었다. 자연 생태계와는 달리 농작물은 양분을 빨아들이기만 하고 흙에다 내놓는 것이 없었다.

이렇게 흙이 힘을 잃으면 처음에는 땅을 버리고 무작정 다른 곳으로 가서 새로 농사를 지었다.

그런데 그것이 너무 비효율적이라는 생각이 들자 그다음부터는 흙에다 영양분을 공급했다. 거름을 뿌려서 인을 되돌려주고 콩을 심어서 질소를 되돌려주었다.

또 하나는 **사이짓기**라고 해서 한 농토 안에 여러 작물을 골고루 심는 방법이었다. 중앙아메리카에서는 호박, 옥수수, 콩을 섞어 심었다.

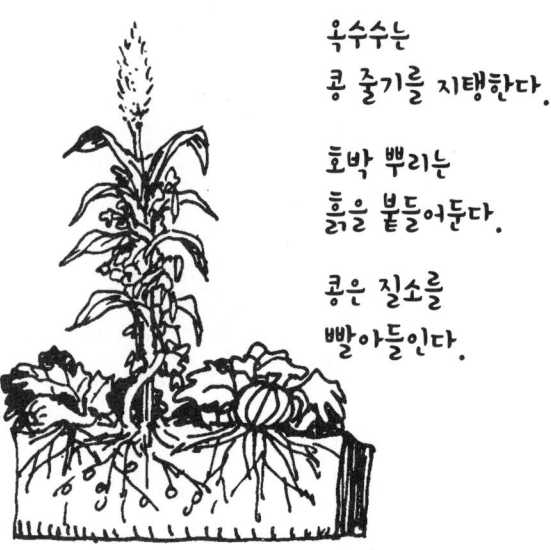

옥수수는 콩 줄기를 지탱한다.

호박 뿌리는 흙을 붙들어둔다.

콩은 질소를 빨아들인다.

농사를 잘 지으려면 뭐니 뭐니 해도 땅을 기름지게 만들어야 했다.

농사를 지으면서 부딪치는 또 하나의 문제는 흙이 깎여나간다는 것이었다.

자연 생태계에서는 식물이, 특히 나무가 물을 가두고 흙을 만들고 기름지게 하며 뿌리로 단단히 붙잡아둔다.

경작지는 잘 마르고 흙이 바람에 날려가거나 물에 씻겨 내려간다.

산간 지방에서 농부들이 밭을 계단처럼 **다락밭**으로 만든 것도 흙을 지키기 위해서다.

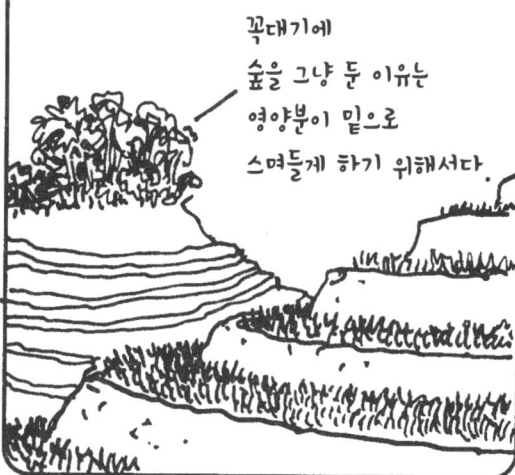

꼭대기에 숲을 그냥 둔 이유는 영양분이 밑으로 스며들게 하기 위해서다.

아무리 애를 써도 농사는 나중에 가서는 환경을 망칠 수 있다.
3가지 사례를 들어보겠다. 둘은 과거에 있었던 일이고 하나는 얼마 전에 있었던 일이다.

수메르와 소금

수메르인은 티그리스강과 유프라테스강 사이의 충적토가 쌓인 기름진 들판에서 처음으로 대문명을 세웠다.

수메르인은 작은 운하를 수없이 파서 인공으로 물을 댔다.

물이 흐르면서 흙 속의 소금을 녹이는데 물이 증발해도 소금은 그대로 남는다.

흙에 염분이 많으면 농작물이 잘 안 자라서 수확이 줄어들고 나중에는 땅을 못 쓰게 된다.

가끔 홍수라도 나서 소금이 물에 씻겨 내려가지 않으면 소금은 점점 두껍게 쌓인다.

**2,000년 동안
농사를 잘 지었지만**
수메르 땅은 이제
무용지물이 되었다.
기원전 1,700년 무렵이면
인구는 한창 때의 10분의 1
수준인 15만 명으로
줄어들었다.

멕시코 수난기

옥수수는 중앙아메리카 멕시코 사람들을 먹여 살렸다.
한창 때인 서기 800년경에는
중심도시 테오티후아칸에는 80만 평의 땅에
10만 명이 살았다.

하지만 멸망의 씨앗은 이미 뿌려졌다.
서기 250년이면 멕시코의 숲은 결딴이 났다.

"옥수수밖에 눈에 뵈는 게 없더라고요."

마야인은 물을 다스리고 흙의 유실을 막으려고 밭을 계단식으로 만들고 온갖 노력을 다 했지만 흙은 자꾸만 깎여나갔다.

"너라도 잡아먹어야겠다!" "풋"

호수 바닥에서 퍼올린 흙에 비밀이 담겨 있다.

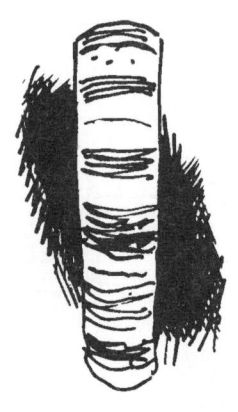

흙 속에 있던 인 같은 영양분이 물과 함께 호수로 흘러들었다.
이것은 흙과 호수에 모두 안 좋았다.

(마야인은 가축도 안 길렀으니 땅을 기름지게 만들 거름도 쓸 수가 없었다.)

얼마 못 가서 화려했던 마야 문명은 무너졌고 인구는 확 줄어들었다.
남은 사람들은 주변의 밀림을 헤집고 들어가 손바닥만한 밭때기를 일구며 살았다.

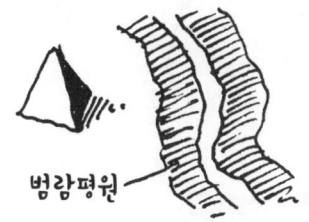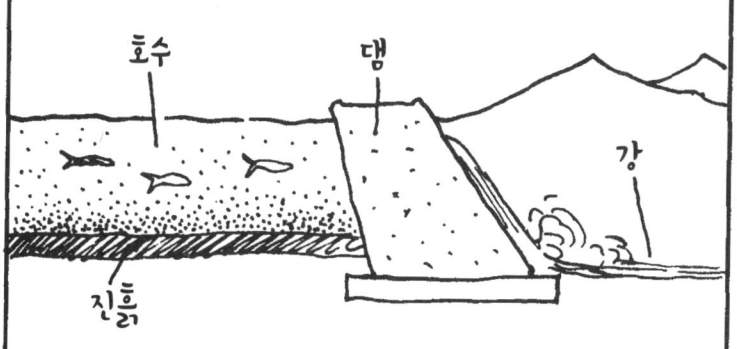

이런 부작용도 있지만 농업은 전세계로 퍼져나가서 이제는 인간의 99.9%가 농산물을 먹고 산다.
엄청난 양의 생물에너지를 독차지하는 요령을 배우면서 사람의 인구는
기원전 1만 년의 수백만 명에서 지금은 **65억 명**에 이른다.

갈수록 먹고 살기가 고달파지는 생물은 이런 물음을 던질 만도 하다.
도대체 인간의 번식을 제약하는 환경 요소는 없는 건가?

· CHAPTER 8 ·
답답해서 못 살겠다!

인구는 어떻게 불어나나?
사람은 왜 이렇게 많나?
앞으로도 그럴까?

인구 증가를 알아보기 전에 한번 곱씹어볼 만한 역설이 있다.
농업이 시작되면서 대부분의 사람은 **옛날보다 살기가 고달파졌다.**
유골을 가지고 비교하면 농업이 시작된 이후로 인간의 키는 평균 10cm가 줄어들었다.
남자는 178cm에서 168cm로, 여자는 163cm에서 153cm로 줄어들었다.
수렵채집 생활을 할 때보다 일은 많이 하고 칼로리는 덜 섭취하니까 병에도 잘 걸렸다.

사람을 왜소하고 병약하게 만드는 농업이라는 제도가
사람을 건장하고 튼튼하게 만드는 수렵채집이라는 제도를 몰아냈다.
어떻게 이런 일이 생겼을까?

답은 농업의 **생리**에서 찾아야 한다.
농업은 한번 시작되면 자꾸만 커진다!

농사를 지으면 보통 남아도는 **잉여 생산물**이 있다. 수확철이 되면 감자, 호박, 밀이 산더미처럼 쌓이는데 이걸 한꺼번에 먹어치울 수가 없으니까 창고에 저장을 해두고 겨울을 난다.
공동체의 식량을 한곳에 모아두는 것이다.

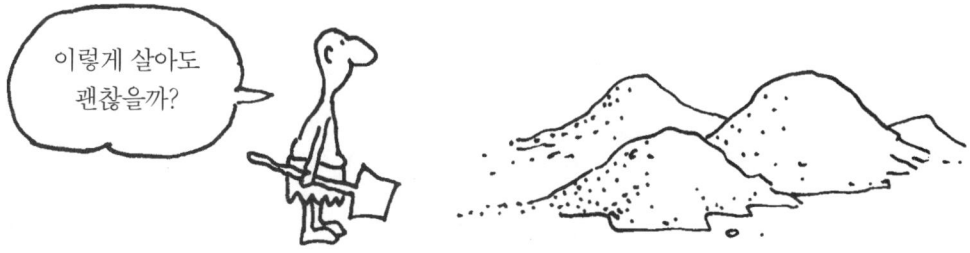

자, 이 잉여 농산물은 누가 가질까?

수렵채집 사회와는 달라서 농업 사회에서는 힘이 센 사람이 공동체 전체의 에너지 자원을 독차지한다.

요컨대 농업과 함께 왕, 귀족, 성직자 같은 **지주층**이 생겨난다. 이들은 수확한 농산물 중에서 자기 몫을 떼어가는데 보통 절반이었으니 적은 양이 아니었다!

이렇게 모아진 잉여 생산물을 바탕으로 **사회 조직**이 나타났다.
지주는 재산을 등에 업고 군대를 만들고 길을 내고 사상가를 써서 농민들이 딴마음 품지 않고 농사나 열심히 짓도록 세뇌를 시켰다.

그러니까 문명의 본질은 식량에너지를 비롯하여
남아도는 에너지가 권력 집단으로 흘러가게 만드는 데 있다.
처음부터 소수 권력자가 영원토록 해먹을 수 있는 구조로 출발했던 것이다.

농부는 아무리 가난해도 애를 많이 낳아야 그나마 입에 풀칠이라도 할 수 있다.
일손이 많아야 일을 더 하기 때문이다.

농사가 지겹다고 예전처럼
사냥하면서 먹고살 수도 없었다.
이제 평민은 사냥은 꿈도 꿀 수 없었다.
사냥은 귀족만의 스포츠가 되었다!

자연히 **인구가 급증**했다.
인구가 늘어나니까 경작지도 급증했다.
수렵채집 인구를 농업 인구가 압도했다.
농업은 전 세계를 지배했다.

어떤 생물 개체군도 가만히 놓아두면
기하급수적으로 불어나는 경향이 있다.
이것은 무엇을 뜻할까?

그것은 개체군의 **증가율**이 **일정하다**는 뜻이다.
지금의 개체군 크기를 P_0라 하고 증가율을 r이라고 하자. 그럼 1년 뒤의 개체군 크기는 P_0+rP_0가 된다.
r이 똑같으면 1년 뒤에는 개체군 크기는 $(P_0+rP_0)+r(P_0+rP_0)$가 된다. 이것을 정리하면
2년 뒤의 개체군 크기는 $P_0(1+r)^2$가 되고 n년 뒤의 개체군 크기는 $P_0(1+r)^n$이라는 공식이 나온다.

이 **지수함수** 그래프를 보면 왼쪽 끝과 오른쪽 끝이 다르다. 처음에는 분간이 안 갈 만큼 느리게 불어나다가 어느 시점에 가면 가속도가 붙는다(증가율이 낮은 경우와 높은 경우 2가지를 예로 들었다).

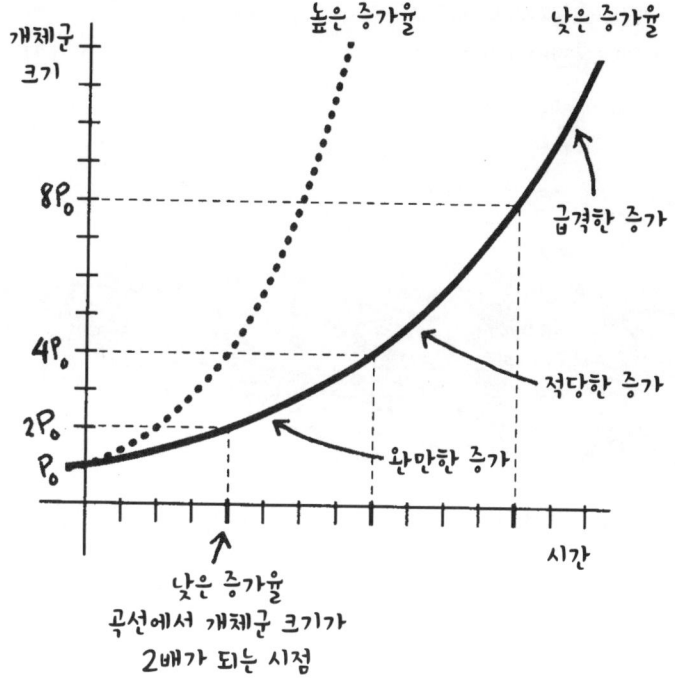

산수에 자신이 없는 사람은 그냥 이렇게만 알아두면 된다.

기하급수적으로 늘어난다는 것은

인구가 2배, 4배, 8배로 갈수록 폭발적으로 늘어난다는 뜻이라고. 종마다 다르긴 하지만 개체군 크기가 갑절이 되는 순간이 꼭 온다.

연못에 사는 수련은 갑절로 불어나는 데 보통 일주일이 걸린다.

처음에는 불어나는지도 잘 못 알아차리지만 어느새 연못 절반을 덮어버린다.

그러다가 조금 더 시간이 지나면 연못이 수련으로 뒤덮인다.

수련도 그렇지만 어떤 개체군도 무한정 불어날 수는 없다.
자원이 유한하고 생물지질화학 순환 주기가 워낙 느려서 싱싱한 자원을 제때 공급할 수가 없기 때문이다.

큰일이다! 수련이 땅으로 상륙했다!

개체군이 불어나다가 주변 환경의 벽에 부딪히면 무슨 일이 생길까?

꽝!

수용력이 한계에 이르면 개체군의 증가세도 주춤해지면서 환경에 적응하여 오르락내리락하면서 일정한 수준을 유지하는데 이것을 S곡선이라고 한다. S곡선은 운이 좋은 경우다.

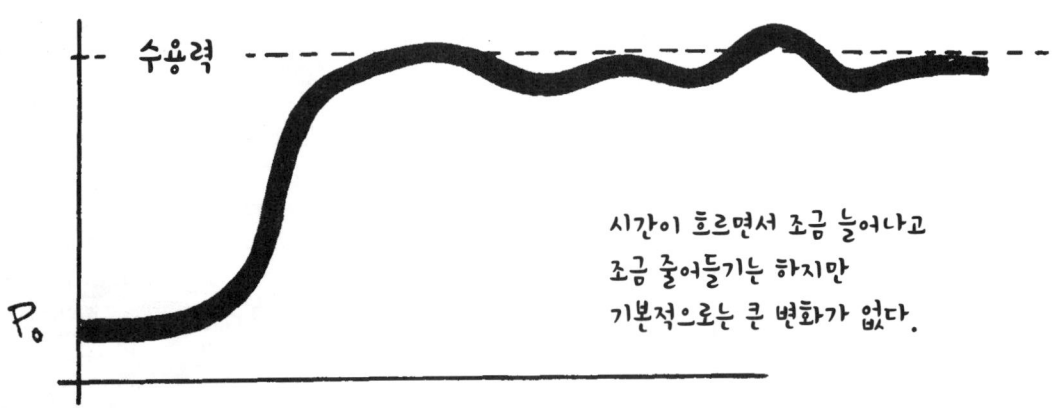

시간이 흐르면서 조금 늘어나고 조금 줄어들기는 하지만 기본적으로는 큰 변화가 없다.

이런 장밋빛 시나리오 말고

J 곡선이라는 것도 있다.
인구가 확 늘어났다가
하루아침에 확 줄어드는 것이다.

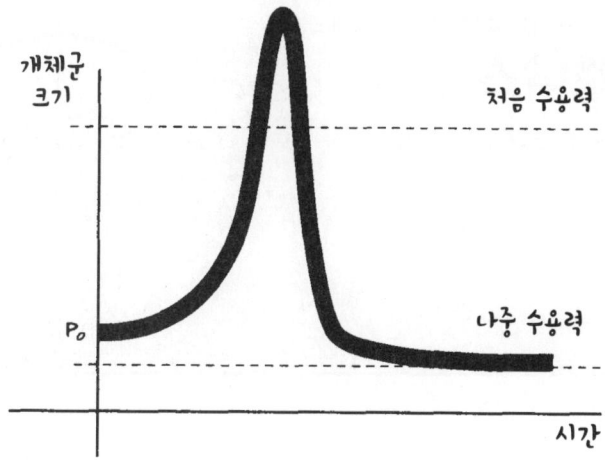

환경이 버틸 수 있는 한도를 넘어서 불어난 개체군은 결국 제 살 파먹기를 하게 된다.
배양접시의 박테리아가 꼭 그런 식으로 불어났다가 확 줄어든다.

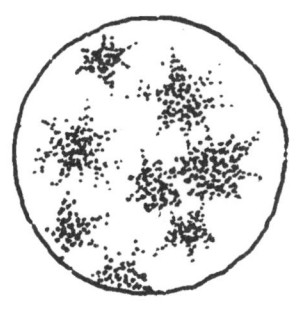 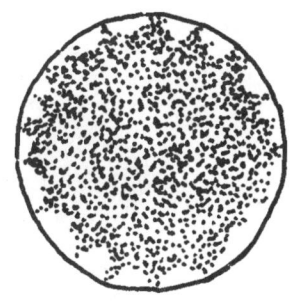 

가용자원(이 경우는 설탕)이 바닥나면 박테리아는 극히 일부만 남고 하루아침에 자취를 감춘다.

인구 증가론 하면 뭐니 뭐니 해도
맬더스(1766~1834)가 떠오른다.
맬더스는 알아주는 비관론자였다.

식량은 산술급수적으로 늘어나지만 인구는 기하급수적으로 늘어난다는 유명한 말도 맬더스가 했다.
인구는 곡선으로 시간이 갈수록 쑥쑥 불어나지만 식량은 **직선으로** 늘어난다는 뜻이다
(식량 생산이 늘어나는 것도 경작지가 늘어난다는 전제 조건에서만 그렇다고 맬더스는 보았다).

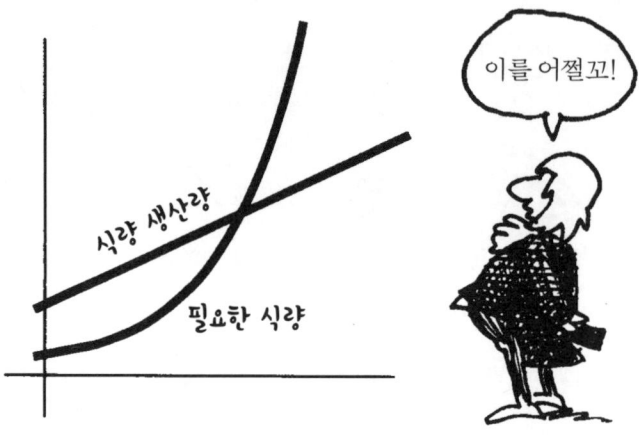

결국 어느 시점에 가서는
식량이 모자랄 수밖에
없다는 것이다….

하지만 맬더스는 절망론자는 아니었다!
3가지 **예방책** 덕분에 인구 크기와 식량 생산이 균형을 이룰 수 있다고 믿었다.

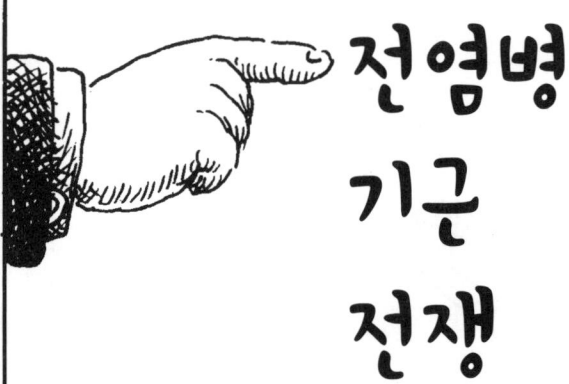

전염병
기근
전쟁

맬더스의 식량공급이론은
들어맞지 않았다.
나중에 자세히 알아보겠지만
농부들은 일직선보다 훨씬 빠른 비율로
식량을 증산하는 데 성공했다.

그렇지만 전염병, 기근,
전쟁이 인구를 억제하는
변수라고 한 지적은 옳았다.
좀더 자세히 알아보면….

전쟁

역사가 시작되면서 한시도 인간의 곁을
떠난 적이 없다. 전쟁은 살인이라는
직접적이고 확실한 방법으로 인구를 줄인다.

집단과 집단은 한정된 자원을 차지하려고
전쟁을 벌인다. 사상자도 많이 생기겠지만
전쟁에서 이긴 쪽은 잘 먹게 되니까
인구가 불어난다.

그리고 전쟁이 끝나서 군인들이 집으로 돌아오면 아기가 한꺼번에 많이 태어난다.

전쟁이 몰고 오는 피해는 전염병이나 기근처럼 대부분 간접적이다.

지금처럼 보급품이 나오는 것이 아니었으므로 군대가 한번 지나간 마을은 남아나는 것이 없었다.

못 먹으니까 그만큼 병에도 잘 걸렸다.
군대는 전염병을 사방으로 퍼뜨렸다.

물론 전쟁이 없어도 죽는 길은 많았다.
농업을 선택한 뒤로 인간은
굶주림을 운명의 일부로
받아들여야 했다.

전쟁이 없을 때도 농부는 수렵채집으로 살아가는 사람보다 못 먹고 살았다.
흉년이 들면 영양실조에 걸리거나 굶어 죽는 수밖에 없었다.

반면에 수렵채집자는
먹이의 선택 범위가 넓어서
아무리 몇 가지 식량 조달에
어려움을 겪어도
얼마든지 살아남을 수 있었다.

지금이야 교통수단이 발달하고 국제 구호 단체가 많지만 옛날에는 어떤 곳에 흉년이 들면
굶어 죽는 수밖에 없었다. 기원전 108년부터 서기 1910년까지 중국에서는 모두
1,828번의 기근이 들었다는 기록이 있다. 영국도 13세기에만 11번의 기근이 들었다.

전염병은 다르다. 전염병은 대륙을 가로지르면서 퍼진다.

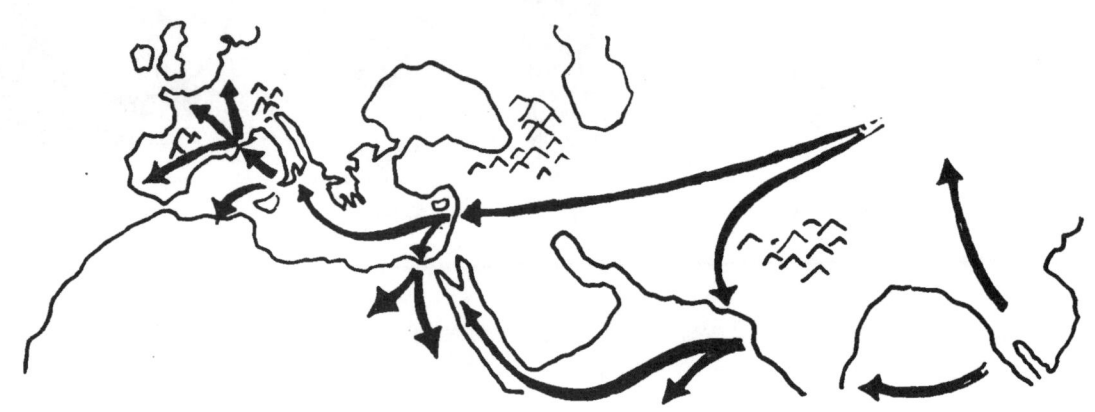

가령 13세기에 유럽은 아시아 항해를 마치고 돌아온 선원들에 묻어온 전염병이 창궐하는 바람에 100년도 안되어 인구의 절반을 잃었다.

전염병을 이해하려면 병원균의 관점에서 바라볼 줄 알아야 한다.
병을 일으키는 박테리아, 바이러스, 아메바 같은 미생물은 사람과 똑같이 거처가 필요하다.

병원균에게 따뜻한 인체는 그야말로 지상낙원이다.

그런데 미친 듯이 번식을 하는 바람에 **주인이 죽어버리면** 병원균도 좋을 것이 없다.

시름시름 앓더라도 사람이 한 명이라도 더 많이 사는 것이 병원균 입장에서는 유리하다.

병원균이 선택할 수 있는 전략은 몇 가지가 있다.

먼저 사람(병균이 얹혀사는 생물을 어려운 말로는 숙주라고 한다)과 **공진화**하는 방법이 있다. 병균이 들어왔는데도 살아남은 사람은 그 병원균에 저항력이 있는 면역체계를 가진 사람이다.

살아남은 병원균도 덜 지독한 놈으로 바뀐다. 지독한 병원균은 사람과 함께 죽어버리기 때문이다.

사람은 저항력이 강한 경우 살아남고 병원균은 덜 지독한 놈만 살아남는다. 이렇게 해서 전염병은 그 고장 사람이 아닌 외지인만 걸리는 **풍토병**이 된다.

병원균 입장에서는 될수록 숙주를 많이 살려두는 것이 번식에 유리하고 숙주의 면역체계가 반응하지 않도록 숨죽이고 사는 것이 좋다.

고립되어 살던 사람들이
외지에서 온 전염병에
맥없이 무너지는 이유도
그 때문이다.
숙주와 병원균이 서로
익숙해지는 데는 시간이 걸린다.
유럽인이 아메리카 대륙에
첫발을 내딛었을 때
총보다 병균 때문에 죽은
원주민이 훨씬 많았다.

유럽도 전염병 피해가 컸다.
기원전 430년, 서기 160년, 540년 그리고 13세기에 엄청난 사람이 죽었다.
대개는 선원들 몸에 묻어온 병균 때문에 전염병이 돌았다.

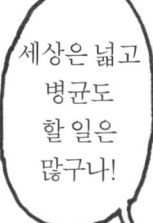

역시 지독한 병균은 사람과 함께 죽어버리고 약한 놈만 남아서 풍토병이 된다.
그리고 인구는 또 다른 재앙이 닥칠 때까지 꾸준히 늘어난다.

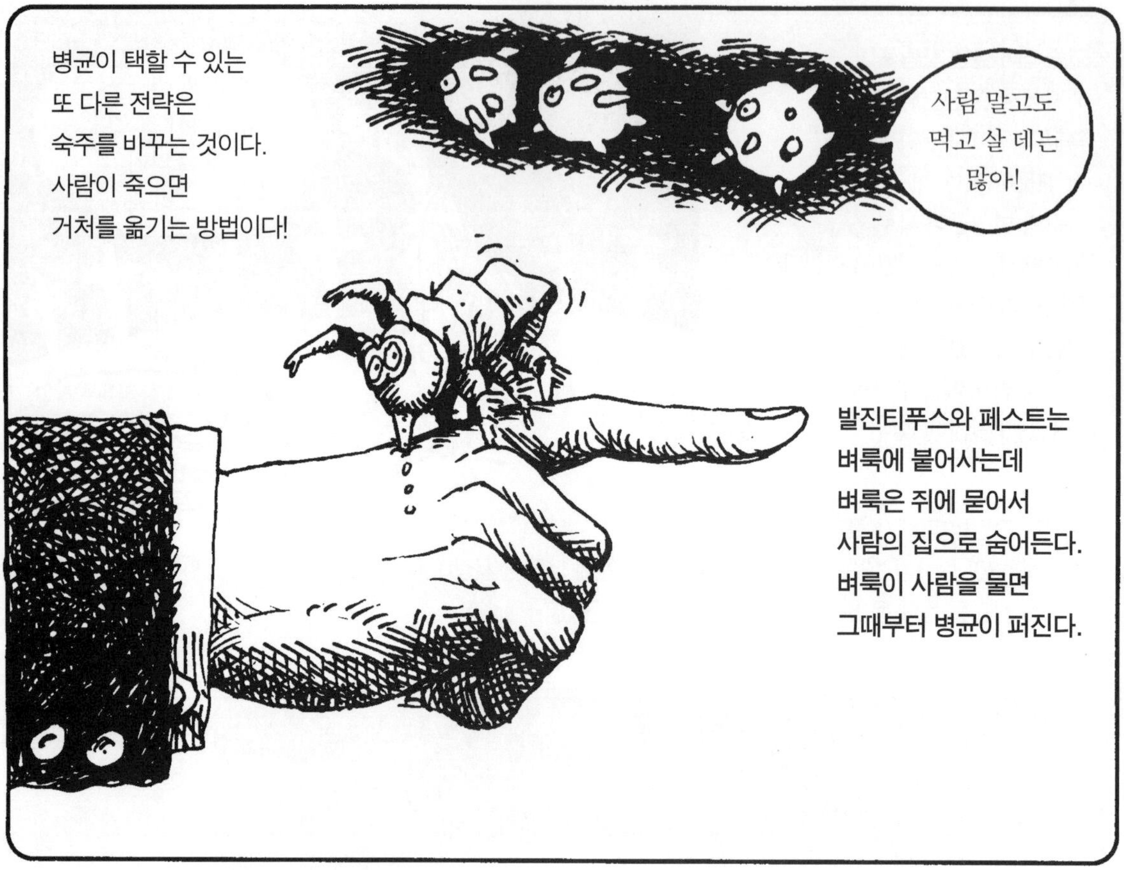

병균이 택할 수 있는
또 다른 전략은
숙주를 바꾸는 것이다.
사람이 죽으면
거처를 옮기는 방법이다!

사람 말고도 먹고 살 데는 많아!

발진티푸스와 페스트는
벼룩에 붙어사는데
벼룩은 쥐에 묻어서
사람의 집으로 숨어든다.
벼룩이 사람을 물면
그때부터 병균이 퍼진다.

인플루엔자는 돼지와 거위를 좋아한다.
돼지와 거위를 같이 치는 중국 농가는 새로운 인플루엔자 바이러스의 온상이다.
이 바이러스는 비행기를 타고 해마다 전세계로 퍼진다.

문화와 문화가 접촉을 하면서 전염병도 퍼진다. 그래서 전염병은 멀리 떨어진 문명들이 배나 낙타를 통해 안전하게 교류를 하는 평화로운 시기에 흔히 일어난다. 서기 160년에 중국과 로마에서 동시에 돌림병이 돈 것도 두 나라가 무역을 했기 때문에 일어났을 공산이 크다.

하지만 전염병은 전쟁을 통해서도 퍼진다. 군대는 처음 가보는 데가 많기 때문이다.
(매독이 아메리카를 정복한 스페인 군대에 묻어서 유럽으로 건너온 신대륙의 풍토병이라는 설도 있다.)

비행기표만 사면 세계 어디든 갈 수 있는 요즘 같은 세상은 유행병이 돌기에 딱 좋은 여건이다.

병은 인구 수준에 큰 영향을 미친다. 1200년대에 잉글랜드와 프랑스에서는 인구의 3분의 1이 전염병으로 죽었고, 3분의 1이 전염병에 뒤이어 닥친 전쟁, 내란, 기근으로 죽었다.

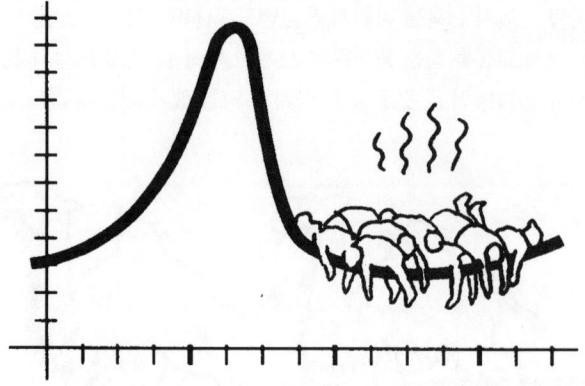

인류사를 보면 인구가 늘다가 뚝뚝 떨어진 시기가 여러 번 있었다.

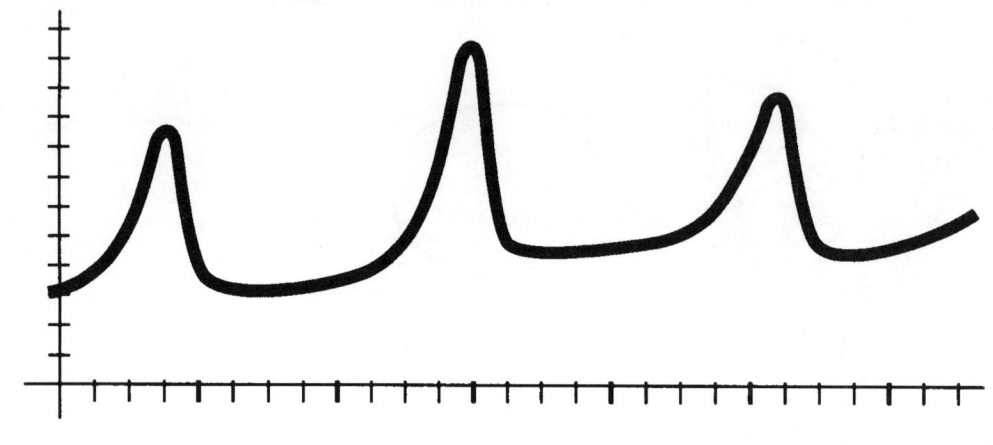

하지만 사람은 번식률이 상당히 높은 편이다. 인간이 심각한 멸종 위기에 처한 적은 한 번도 없었다. 특히 지난 500년 동안은 인구가 줄곧 불어나기만 했다.

지금의 세계 인구를 보면 까무러칠 것이다.
잘사는 선진국은 인구가 통 늘지 않는데 가난한 개발도상국은 인구가 무섭게 는다.

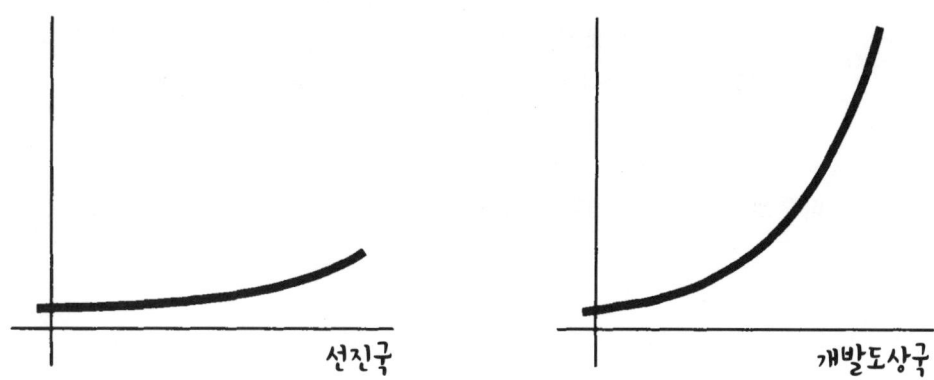

개발도상국에서는 전쟁, 굶주림, 전염병이
아직도 인구에 영향을 미치는 변수로 작용하지만
항생제와 공중 보건의 발전으로
그 효과가 크게 줄어들었다.
반면 여전히 농업이 중심이다 보니까
자식을 많이 낳는다.

선진국의 경우는 인구 증가를 억제하는 새로운 제약 요소가 생겼다.
맬더스도 몰랐던 이 요소는 '번영'이라는 변수다.
살기가 편해지고 피임도 쉬워지고 먹고살 걱정이 없어지니까 자식을 적게 낳는다!

그렇지만 전부 더하면 세계 인구는 아직도 급격히 늘고 있다.
이 사람들이 다 먹을 것과 살 곳이 있어야 하고 겨울에는 불을 때야 하며
자동차, 컴퓨터, 텔레비전을 가지려고 한다.
다음 장에서는 폭발적으로 늘어나는 인간의 에너지 수요가
다른 생물종에게 어떤 영향을 미쳤는지 알아보자.

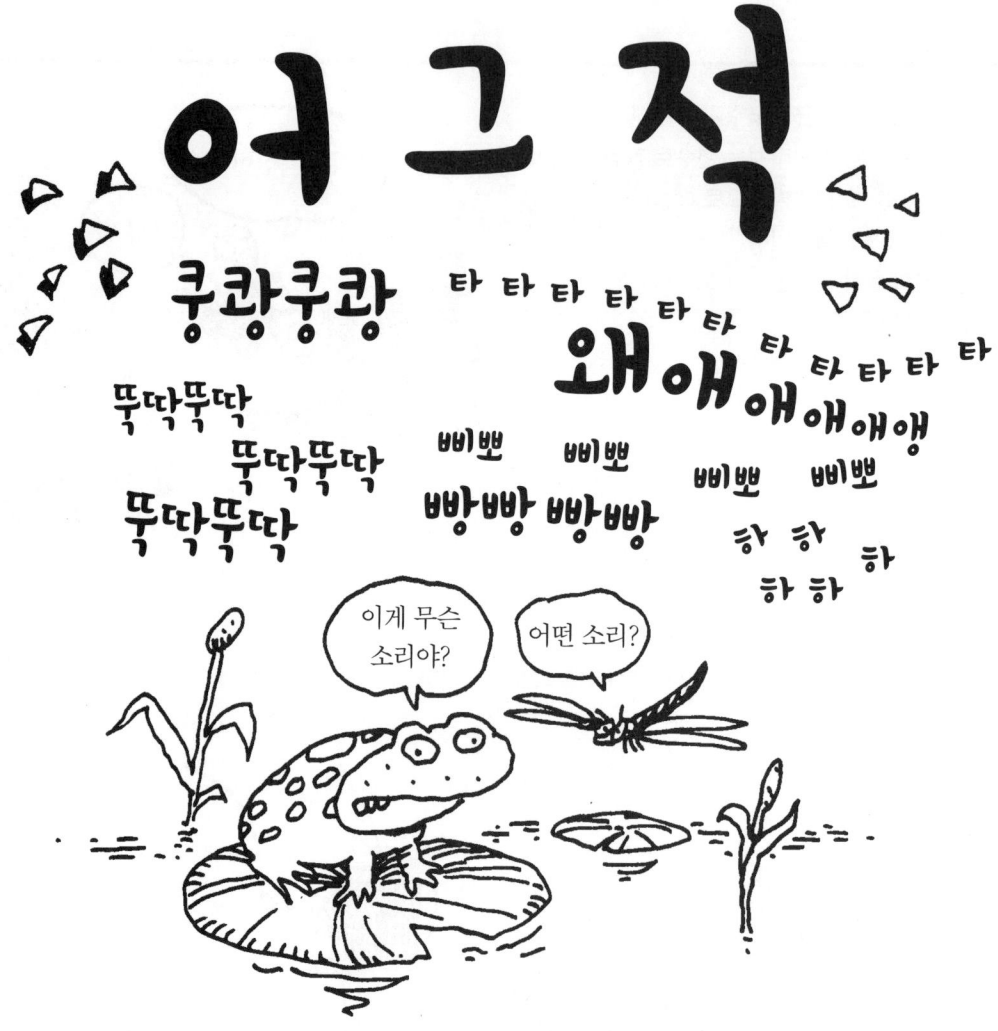

∘CHAPTER 9∘
무너지는 생태계

인간이라는 종이 생물자원을 독차지하면서 나머지 생물종은 큰 피해를 입었다.
이 장에서 우리는 무분별한 벌채, 기업화된 사냥 같은 인간의 활동이 생물권에 미친 영향을 알아본다.
심장이 약한 사람은 마음의 준비를 단단히 하시기를!

지구에는 얼마나 많은 종이 살까?
아무도 모른다.
과학자들은 해마다
새로운 종을 보고하며
아직도 얼마나 많은 종이
더 남아 있는지 모른다.
지금까지 확인된 종이
140만 정도인데
혹자는 아직도 100만 종은
더 있다고 말하고
심지어 1억 종이
더 나올 것이라고
말하는 사람도 있다.

> 대부분은 모기류겠지요!

알려진 동물종 중에서 척추동물은 4%도 안되며 이 가운데 절반은 어류다.
나머지 2% 중에서 조류가 0.8%, 파충류와 양서류가 0.8%, 포유류가 0.4%를 차지한다.
동물의 85%는 마디가 있는 다리를 가진 절지동물(몸통에 다리가 여럿 달린 무척추동물)로
곤충, 거미, 가재, 전갈이 여기에 들어간다.

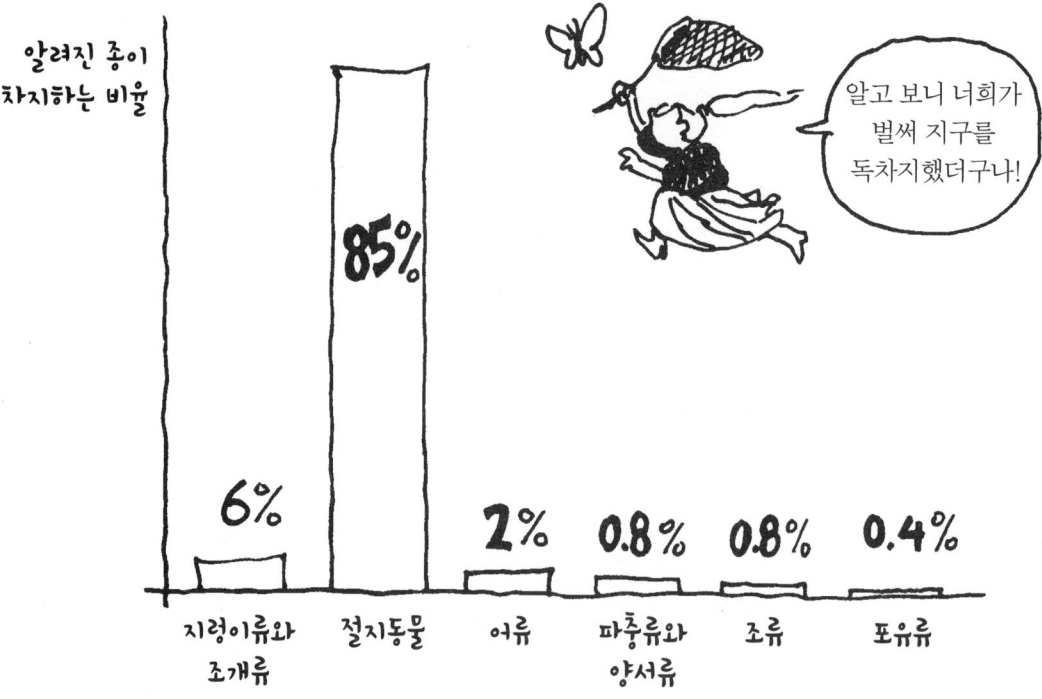

생물은 골고루 흩어져서 살지 않는다. 어떤 곳은 동물도 식물도 종이 유난히 풍부하다.
특히 열대 지방이 그렇다. 아래 그림에서 검은 부분이 **다양한 생물종**이 사는 곳이다.

특히 **섬**은 생물이 다양하다.
마다가스카르만 해도 그렇다.
이 섬은 아프리카와 붙어 있었는데
아프리카 본토에서 멸종한 종이 아직도 많이 산다.
지금까지 알려진 종의 10%가 이 섬에 산다.
나무만 하더라도 북미보다 더 많은 종이 있다.

호주는 몸 밖 주머니에
새끼를 키우는 유대목이 흔하던 시절
아시아에서 떨어져나왔다.
유대목은 다른 데서는 몸속 태반으로
새끼를 키우는 동물한테 밀려났지만
호주에서는 끄떡없이 살아남아
캥거루에서 코알라에 이르기까지
다양한 종으로 분화했다.

생물종은 다양하지만 섬 생태계는 충격에 약하다.
그래서 인간이 생물권에 미친 극적 변화를
알아보기에는 안성맞춤이다.

마다가스카르는 열대 우림의 90% 정도가 경작지로
베어져 지구상에서 가장 풍부한 생태계가 위협받고 있다.

숲이 없어지면 흙도 깎여나가서 농경지에도
악영향을 미친다. (인도네시아와 필리핀에서도
비슷한 일이 벌어지고 있다.)

유럽 배들은 세계 각지를 돌면서
많은 섬을 쑥대밭으로 만들었다.

큰 육식동물이 없는 섬에서 자란 동물은
사람이 와도 도망가지 않았다.
도도라는 새는 얼마나 어수룩했던지
벌써 1680년에 씨가 말랐다.

타조 비슷한 호주 모아새와 에뮤새,
코끼리새도 비슷한 운명을 겪었다.

유럽인은 카리브해의 섬들도 사탕수수 농장으로 만들었다.

호주에는 양과 소가 없었지만 지금은 양은 1억 마리, 소는 800만 마리가 넘는다.

사람들이 가는 곳에는 어김없이 새, 돼지, 쥐가 따라붙어서 새알을 먹으면서 생태계를 어지럽혔다.

현대의 기업형 '수렵채취자'들은 알, 고기, 깃털을 노리고 새들이 모이는 섬의 서식지를 공격하면서 바닷새의 씨를 말렸다.

19세기 말이면 수백만 개의 앨버트로스 알이 미국 육군이 먹는 통조림으로 만들어졌다. 앨버트로스는 1년에 알을 하나밖에 못 낳는다. 앨버트로스는 살아남았지만 고기와 깃털 때문에 남획당한 큰바다쇠오리는 1844년에 이미 멸종당했다.

사람의 욕심이 지나치긴 했지만 새를 잡은 것은 식량, 의복, 기타 생필품을 조달하기 위해서였다.

망망대해에서 닭을 무슨 수로 구하냐구!

그때는 플라스틱도 석유도 없었으니까 연료로는 땔나무와 숯을 썼고 고래기름으로 등불을 켰다.
또 비버털 모자, 오소리수염 붓, 사슴가죽 장갑, 통나무집, 바다코끼리가죽 방탄조끼가 널리 쓰였다.

작살이 날아왔으면 작살날 뻔했네.

티융

그렇지만 코끼리 상아로 피아노 건반을 만들고, 거북 등짝으로 점을 치고, 알프스산양 가죽으로 은에 윤기를 내는 헝겊을 만들고, 멋 부리기 위한 장식용 깃털 때문에 타조, 플라밍고, 해오라기를 잡는 것은 너무 심했다.

얼마나 자신이 없으면 그렇게 덕지덕지 붙이고 다닐까!

이런 도살을 제도적으로 양산하는 것이 바로

기업화된 사냥이다. (어업도 마찬가지.)

직접 먹고 쓰기 위해 동물을 잡는 자급형 사냥꾼과는 달리 기업형 사냥은 **시장에 팔기 위해** 사냥을 한다. 미국 대평원에 살던 원주민은 들소 몇 마리를 잡아서 고기는 먹고 가죽은 말려서 쓰는 등 알뜰살뜰 이용했지만, 백인 이주민들은 한꺼번에 몇천 몇만 마리씩 죽여서 고기만 쏙 발라내서 도시에 내다 팔았다.

자급형 사냥꾼은
대체로 자원을 잘 관리한다.
한 식량자원이 너무 적다 싶으면
다른 식량자원으로 바꾼다.
생태계를 어지럽히지 않는다.

어지럽히면 나만 죽어나거든!

기업형 사냥은 생태계를 어지럽힐 수밖에 없다.
동물이 적어지면 값이 치솟고 그러면 더 악착같이 사냥을 하기 때문이다.

"깃털 하나에 5달러!"

"10달러!"

"15달러!"

기업형 사냥꾼은 **전문가**다. 사냥은 그의 직업이다.
이 일 저 일 두루 하는 자급형 사냥꾼과 그 점이 다르다.

"사람은 한 우물을 파야 성공해요!"

잠깐 : 이것을 운동으로 하는 사냥과 혼동하면 안 된다.
스포츠 사냥은 규제가 엄격하다.
미국의 시오도어 루스벨트 같은
사냥 애호가는 처음으로 국립공원을
만든 환경보호론자였다.

"다 죽으면 재미없잖수!"

북미 원주민들은 드넓은 숲과 풍부한 들짐승으로 이루어진 환경자원을 잘 관리했지만 유럽 이주민들은 기업형 사냥으로 동물의 씨를 말렸다.

1770년 한 해에만 미국 동해안에서 모두 2,000톤이나 되는 고래밀(향유고래 뇌의 기름을 냉각 압착한 결정)이 유럽으로 수출되었다. 1706년부터 1748년까지 사우스캐롤라이나에서는 매년 사슴가죽이 적게는 12만 1,355장, 많게는 61만 2,000장까지 보내졌고, 1848년 베네수엘라에서 50만 마리의 눈처럼 하얀 해오라기가죽이 보내졌다. 1892년 한 해에 플로리다의 한 깃털 상점에서만 13만 장의 새가죽이 팔렸다. 1856년에 보내진 바다수달가죽은 11만 8,000장이었고, 1913년 런던의 상점에 진열된 콘도르가죽이 4만 8,000장이었다.

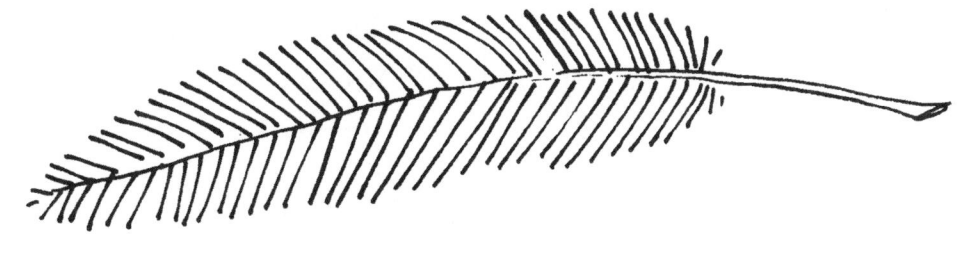

유럽 사냥꾼들은 **들소를 6,000만 마리, 비버를 2억 마리, 들판에 사는 다람쥐 비슷한 곰다리미는 50억 마리나 죽였다.** 나그네비둘기도 수십억 마리 죽여서 멸종시켰다.

종을 다 없애야 생태계가 망가지는 것이 아니다.
꼭대기에 얹은 쐐기돌 하나만 없애도 아치가 와르르 무너지듯 생태계의 운명을 한 손에 쥔 종이 있다.

그렇게 중요한 역할을 하는 종을

핵심종(keystone species)이라고 한다.

핵심종은 환경을 바꾸어놓아서
다른 동물들에게 보금자리를 만들어주면서
생태계의 건강을 좌우하는 **살림꾼**이다.

가령 **비버**는 댐을 쌓아서 습지를 만들고 숲을 풀밭으로 바꾼다.
비버가 없으면 환경은 메마르고 삭막해진다.

하지만 비버털 모자만 보면 사람들은 사족을 못 썼다.
그래서 1840년에 벌써 멸종 위기에 몰렸다.
지금은 다시 수가 불어났지만(600만~1,200만)
한창 때의 **5%** 수준에 불과하다.
또 예전보다 물이 적어져서
여건도 불리하다.

악어와 곰다리미도 핵심종이다.
악어가 판 구멍에는 물이 흥건히 고이고
곰다리미가 땅속 깊이 판 구멍은
많은 동물에게 보금자리가 되고
흙에 숨을 불어넣고
물이 스며드는 공간을 넓혀준다.

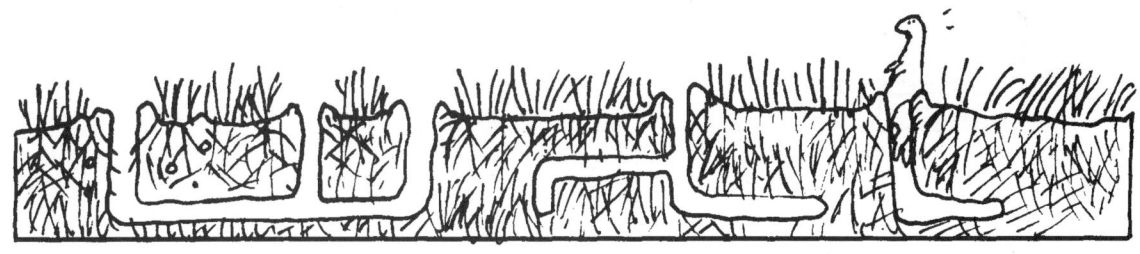

그런데 목장주들은 소의 발이 끼어서 자꾸 다리가 부러지는 사고가 생기니까
이런 구멍이 백해무익하다고 생각했다. 사실은 소도 곰다리미 옆에 있기를 **좋아했다.**
그곳 흙에는 공기가 잘 통해서 풀이 훨씬 부드러웠기 때문이다.
그렇지만 목장주들은 소의 안전만 생각해서 곰다리미를 독약으로 죽였다.

사람이 싫다.

남획 말고도 **경쟁배타의 원리**로
서식지를 잃은 동물이 많다. 미국을 보면
사람이 풀밭의 98%를 농토로 만들었고
원시림의 94%를 베어냈다(일부는 다시 살아났지만).
또 습지의 50%를 메워버렸다.

뻥뻥 뚫린 고속도로는 동물의 이동로를 막는다.
작은 동물에게 고속도로는 넘을 수 없는 태산이요 건널 수 없는 바다다.

서식지가 그나마 남은 곳도
워낙 작고 토막토막 나뉘어 있어서
제대로 된 개체군을 먹여 살릴 수가 없다.
섬처럼 고립되는 것이다.

생태학자들은 멸종 위기에 놓인 식물과 동물을 찾으면서 생물 다양성을 조금이라도 지키려고 애쓴다.

멸종위기종은 숫자가 워낙 적어서 언제 사라질지 모르는 종이다. 캘리포니아콘도르, 자바호랑이, 아프리카의 흰코뿔소 같은 동물이다.

멸종위기종은 다음과 같은 특징을 한두 가지씩 갖고 있다.

· **몸집이 크다**(표적으로 안성맞춤).
· **새끼를 적게 낳는다**(번식이 느림).
· **서식지가 특이하다**(달리 갈 데가 없음).
· **식성이 까다롭다**(좋아하는 먹이가 떨어지면 그냥 죽음).
· **먹이사슬의 꼭대기에 있다**(환경오염이 심해질수록 먹이 조달에 차질을 겪을 가능성이 더 높아짐).
· **가축을 잡아먹는다**(그래서 사냥당함).
· **잘 돌아다닌다**(잡히기 좋음).
· **위험한 행동을 한다**(그래서 사냥당함).

멸종가능종

그런 대로 자연 안에서 개체군을 이루며 살기는 하지만
눈에 띄게 수가 줄었거나 서식지가 모자라는 종을 말한다.
흰머리수리, 회색곰은 환경보호법이 없었더라면
진작 멸종위기종이 되었을 것이다.

생태계가 얼마나 건강한지를 보통
지표종으로 알아본다.
지표종은 환경이 악화되면 제일 먼저 힘들어하는 종이다.

미국의 철새는 수가 절반으로 줄었다.
북동부의 서식지는 자꾸만 잘려나가서 찌르레기, 어치, 개곰, 집고양이도 간신히 먹여 살리는 정도이고
겨울에 찾아가는 열대 우림도 자꾸만 벌채되어 없어지기 때문이다.

양서류도 지표종이다.
피부가 얇고 알이 흐물흐물해서
오염된 공기, 물, 흙에 바로 영향을 받는다.
양서류는 겉보기에 전혀
문제가 없어 보이는 곳에서도
수가 나날이 줄어들고 있다.

생물의 멸종 속도를 역사적으로 정확히 따지기는 어렵지만 최근에 와서 빨라진 것은 분명하다. 하버드대학의 생물학자 E. O. 윌슨에 따르면 1970년대까지는 매년 1,000종꼴로 없어졌는데 1990년에는 1년에 **4,000~6,000종**씩 없어졌다.

어디서나 동물과 식물의 서식지는 줄어들고 열대 우림이 없어지면 그 안에서 살던 이름 모를 종들도 함께 사라진다.

1989년 스탠퍼드대학 생태학자들은 지구의 1차 순생산(가용식물자원)을 사람이 얼마나 쓰는지를 따져보았다.

그리고 사람이 땅에서 나는 1차 순생산의

를

쓴다고 결론지었다.
사람이 실제로 먹는
식물자원은 3%에 불과하고
나머지 36%는 추수하고 남는 쓰레기,
벌채된 숲, 사막으로 바뀐 풀밭,
주거지로 날아간다.

세계 인구는 앞으로 50년 뒤면 2배가량 늘어날 것이다.
우리의 생활 습관과 소비 습관을 바꾸지 않으면 머지않아 우리는 땅 위의 가용자원은 물론이거니와
바다의 자원까지 남김없이 써버리고 생물 다양성은 종말을 고할지도 모른다.

생물 다양성이 무너진다고 무슨 큰일이라도 나느냐고?
우리는 구조물을 해체하고 부품을 하나하나 버리면서 지구 위에서 어마어마한 실험을 하는 셈이다.
우리는 자연계에 대해서 사실은 잘 모른다.
동물은 어떻게 배우고 이동하고 교감하는지, 열대 우림 어딘가에 어떤 약초가 숨어 있는지 잘 모른다.
무엇보다도 우리가 열심히 쌓아올리는 이 인간 본위의 단순한 생태계가
과연 지속가능한 생태계인지 아무도 모른다.

~CHAPTER 10~
에너지그물

동물은 모두 먹이에서만 에너지를 얻지만 **사람은 예외다**.
장작으로 방을 데우고 전기로 불을 밝히고 컴퓨터를 돌리고 이빨을 닦고
머리까지 말리며 기름으로 차를 굴린다.
우리는 마치 내일을 생각하지 않고 사는 사람처럼
특히 석유제품을 흥청망청 쓴다.

그렇지만 화석자원은 무한정 캘 수 있는 것이 아니다. 여기에 고민이 있다.

도대체 에너지가 뭘까? (9장에서는 살짝만 건드렸지 자세히 파지는 않았다.)
일단은 두 에너지가 있다고 하자.
아니, 에너지를 보는 두 관점이 있다고 하자. 바로 **열**과 **일**이다.

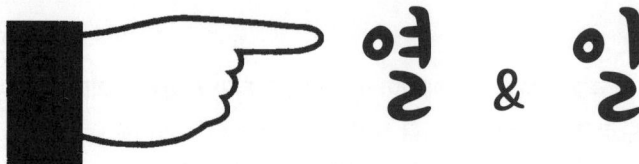

먼저 에너지는 **열**의 양이라고 생각할 수 있다.
연료를 태우면 거기서 나오는 에너지는
뿜어나오는 열과 얼추 비슷하다.
(일부는 빛으로 나온다.)

그런데 운동의 차원에서 보면
에너지는 **일**이라고 볼 수도 있다.
물체를 어느 거리만큼 밀면
거기에 들어간 에너지는
힘에다 거리를 곱한 값과 엇비슷하다.
(일부 에너지는 마찰열로 날아간다.)

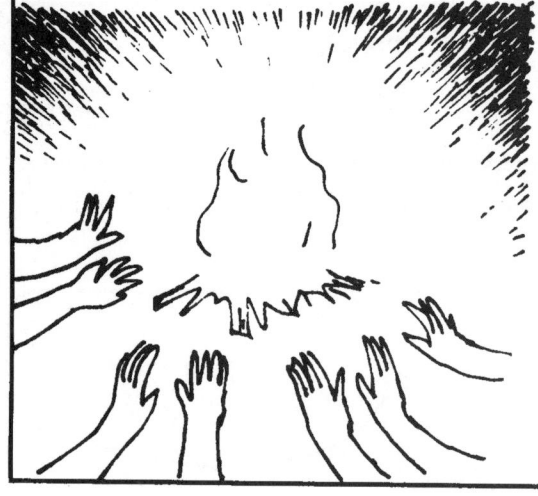

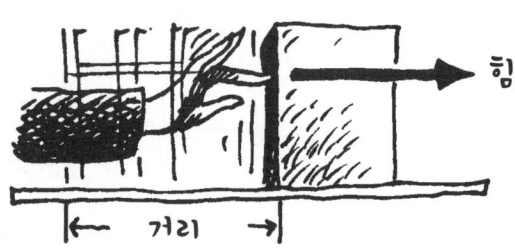

에너지 = 힘 × 거리

인류 역사에서
가장 중요한 것은
열과 일이라는
두 에너지였다.

노는 게 아니라 열 내는 일하는 거라우!

처음에는 **생물자원**에서만
열을 얻었다.
보통은 나무와 짚을 썼고
나무가 귀한 인도 같은 곳에서는
소똥을 썼다.

운동에너지도 생물자원에서 얻었다.
가축을 부리든가 아니면 사람이 직접 팔을 걷어붙였다.

동물을 써도 에너지효율성은 사람을 따라오지 못했다. 하는 일보다 먹는 양이 훨씬 많았다.
그래서 동물은 아주 무거운 것을 들거나 나르는 데 쓰고 대부분의 일은 사람이 하는 것이 경제적이었다.

이렇게 고생하면서 사람들은 문명을 일구었다.
공사판의 인부는 노예가 많았는데,
먹을 것은 쥐꼬리만큼 주고 실컷 부려먹기에는
노예가 제격이었기 때문이다.

사람들은 또 **지레**로 힘을 얻는 요령도 배웠다.
지레를 쓰면 조금만 힘을 써도
무거운 짐을 거뜬히 들어올릴 수 있었다.

지레의 원리를 써서 만든 도구

장도리   크랭크   펜치

열을 더 많이 얻는 비결도 터득했다.
나무를 숯으로 만들면 더 불길이 세졌다.
화덕, 가마, 용광로에서 빵부터 벽돌,
쇠까지 닥치는 대로 구웠다.
가마는 주로 숲 부근에 만들었다.
연료가 풍부해야 했기 때문이다.

이제 다른 데로
옮기자.

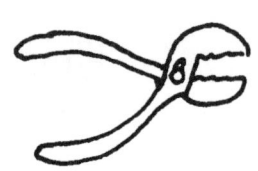

풍차와 돛배는 바람의 힘을 이용했고
물레방아는 흐르는 물의 힘을 이용했다.

1700년까지는 이런 식으로 살다가 그다음에 놀라운 발명품이 나타났다. 바로

증 기 기 관 이었다.

증기기관은
어떤 점이 달랐을까?
열을 일로 바꾼
최초의 기계가 바로
증기기관이었다.
불을 때면 알아서
척척 일을 하는
신통한 기계였다.

증기기관은
과학적으로도
실용적으로도
엄청난 여파를 낳았다.

먼저 과학 쪽에서는
사디 카르노(1796~1832)가
증기기관에서 영감을 얻어
열이론을 고안했는데
이것이 나중에
열역학으로
발전했다.

열역학은 에너지를 보는 두 관점을 하나로
통합했다. 열과 일은 동전의 양면이며
맞바꿀 수 있다는 것이다.
열은 일로, 일은 열로 바꿀 수 있다.

열 ⇌ 일

증기기관은 **변환기**다.
열로 들어간 에너지가 일로 바뀌어 나온다.

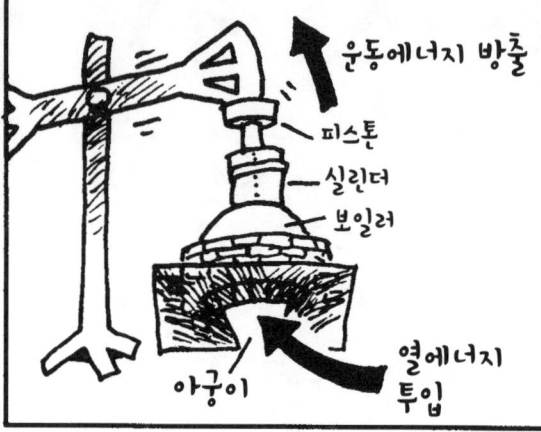

그러나 에너지는 100% 다 바뀌지 않는다.
보일러의 열은 그냥 주변으로 흩어지기도 하고
운동에너지는 마찰 때문에 다시 열에너지로
바뀌기도 한다(손바닥을 문지르면
후끈거리는 원리와 같다).

정리하면,

열에너지 투입
⇩
운동에너지 방출
✚
잃는 열

열과 일만이 아니라 모든 에너지가 같다는 사실이 얼마 뒤 밝혀졌다. 중력, 전기, 화학반응, 소리, 빛이 모두 에너지였고 이것은 카멜레온처럼 모습을 바꿀 수 있었다.

클라우지우스

가령 **중력에너지**는 물을 아래로 흐르게 해서 물레방아를 돌린다. 물레방아는 곡식을 빻거나 광산에서 무거운 광석을 들어올린다.

즉 물레방아도 **변환기**다. 중력에너지를 운동에너지로 바꾸는 것이다.

몸무게도 사실은 중력이래요!

열역학 제2법칙에 따르면 모든 기계는 **에너지를 잃기 마련**이며 이것은 대부분 열로 날아간다.

안타깝구만!
후끈 후끈 후끈
볼츠만

결국 모든 에너지 기술의 핵심은 **변환기**지만 100% 성능을 자랑하는 변환기는 없다.

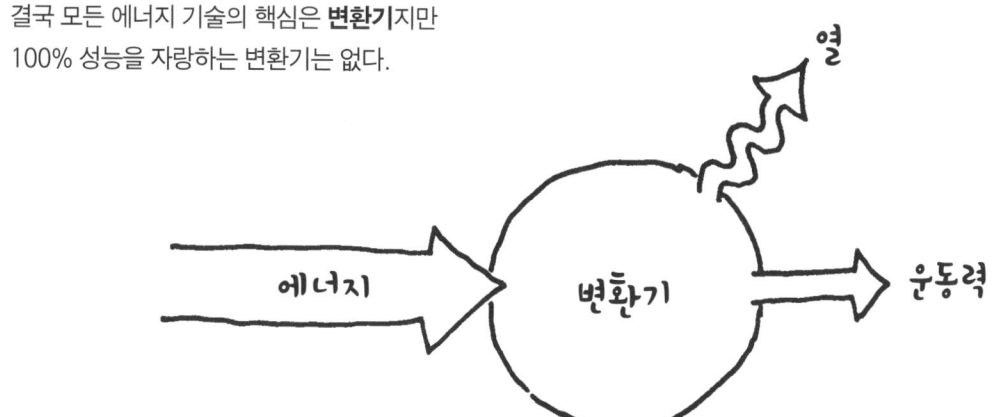
에너지 → 변환기 → 운동력
열

그때 혜성처럼 나타난 것이 바로 이 볼품없이 생긴

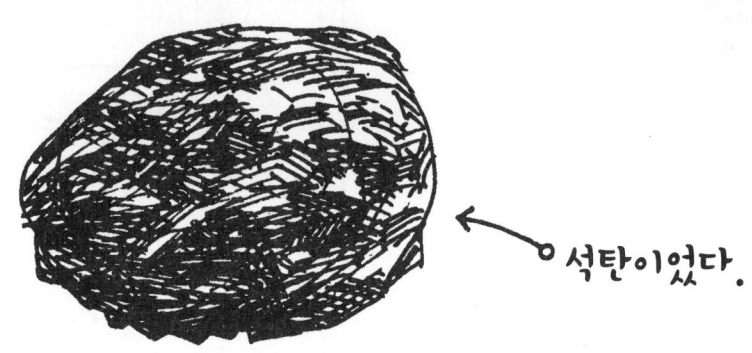

이것이 인류사에 일어난 두 번째 혁명이었다.
이제까지는 생물자원에만 의존했는데 처음으로 **화석연료**에서 에너지를 얻은 것이다.
화석연료는 오래전에 죽은 식물이 땅속에 파묻힌 태양에너지인 셈이다.
새 에너지는 차츰 생명권으로 들어왔다.

증기기관이 나타난 뒤로
여기저기서 발명과 발견도
폭발적으로 이루어졌다.

이제는 되돌릴 수가 없거든요!

그다음 200년 동안 새 변환기, 새 기술, 새 연료, 심지어는 전기 같은 새 에너지가 쏟아져나왔다.

한번 볼까요?
내연기관(기름 → 열 → 운동), 발전기(운동 → 전기),
전동기(전기 → 운동), 원자로(핵 → 열 → 전기),
수력발전(물의 낙하 → 전기), 전구(전기 → 빛),
가스난로(천연가스 → 열)

농업이 그랬던 것처럼 화석연료도 인간에게 새로운 에너지를 선사했다.
그리고 비슷한 결과를 낳았다. **더 많은 사람이 더 많이 조직되었다.**
이것이 **산업혁명**이다.

원리는 다 똑같아요.
밖에서 들여오는 에너지로
굴러가는 거지요.

에너지그물은 먹이그물과 비슷하다. 유전 같은 에너지원부터 따져보자.
먼저 원유를 뽑아올려야 하는데 이 과정에 가령 펌프를 돌린다든지 에너지가 들어간다.
이것을 정유공장으로 운송하자면 역시 에너지가 들어간다.
정유를 하고 저장을 하고 배달을 하고 유익하게 쓰인다.
각 단계에서 조금씩 에너지가 쓰이니까 시스템 전체의 효율성은 갈수록 떨어진다.

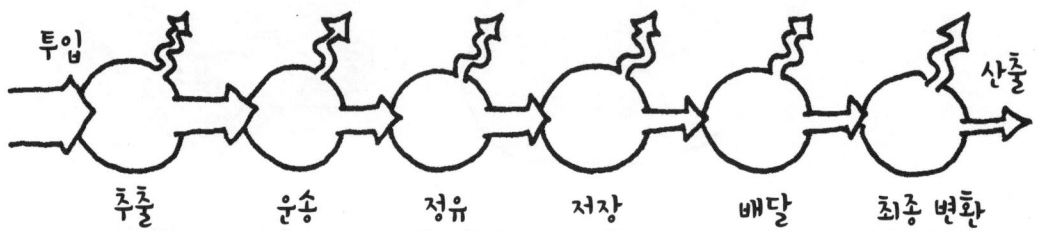

먹이그물과 마찬가지로 각 단계의 효율성은 유용한 형태로 살아남은 에너지의 비율을 말한다.
가령 석유를 가득 싣고 다니는 유조차의 에너지효율성을 계산하려면
차를 굴리는 데 들어간 기름을 알아야 한다.

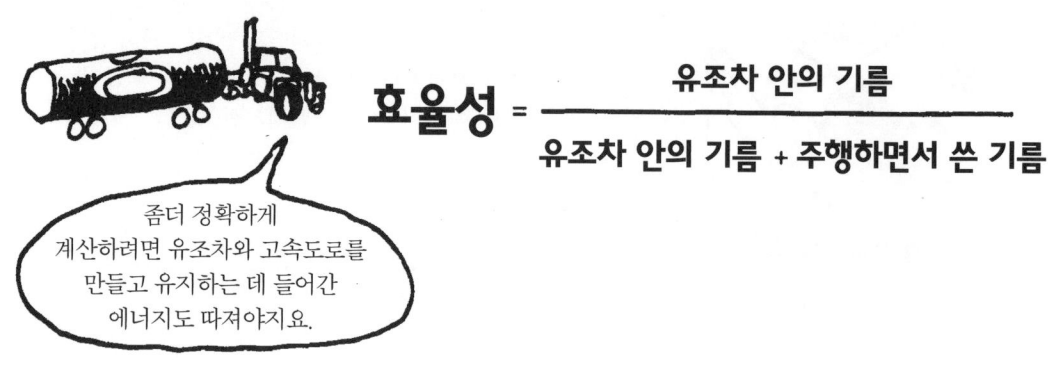

에너지그물의 단계별 에너지효율성을 계산하려면
그 직전 단계까지의 모든 에너지효율을 곱하면 된다.

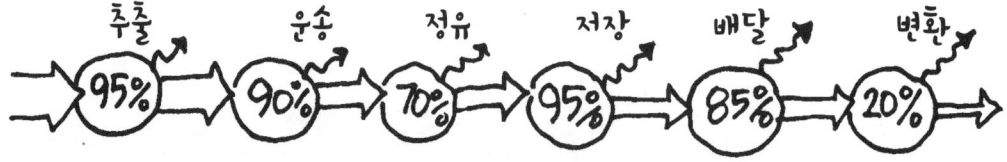

$0.95 \times 0.9 \times 0.7 \times 0.95 \times 0.85 \times 0.2 = 0.097 \sim$ **10%**

참 헤프게 에너지를 쓰는 셈이다. 자동차 엔진이 변환기로서 내는 에너지효율은 보통 20%다. 원유를 추출하고 정제하고 배달하기까지의 에너지효율이 50%라고 할 때 실제로 자동차 바퀴를 굴리는 데 들어가는 에너지는 원래 유전에 매장되어 있던 화학에너지의 **10%**에 불과한 셈이다.

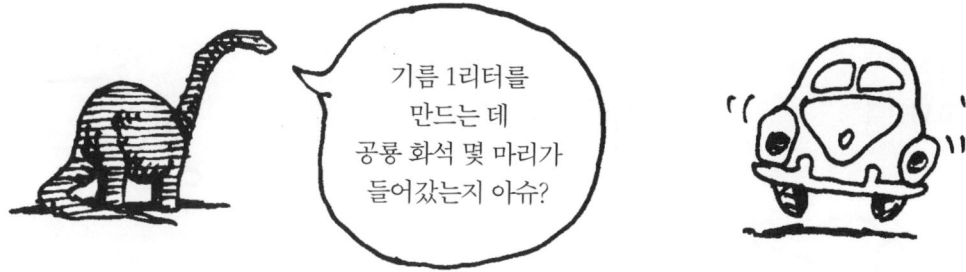

하지만 비효율적인 것으로 따지자면 전기를 따라올 **에너지**가 없다.

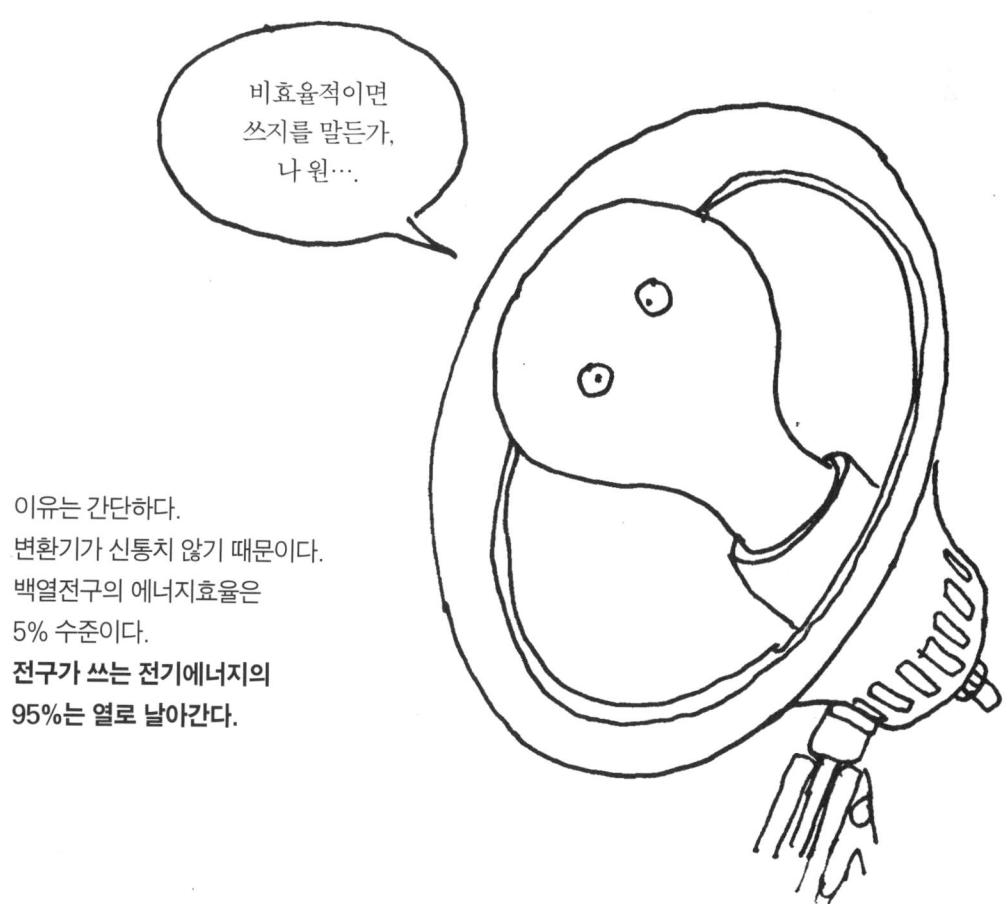

이유는 간단하다.
변환기가 신통치 않기 때문이다.
백열전구의 에너지효율은
5% 수준이다.
**전구가 쓰는 전기에너지의
95%는 열로 날아간다.**

여기다가
전기에너지를
생산하는 데 들어간
기름을 추출하고
운송하는 데 들어간
에너지까지 따지면
백열전구의
에너지효율은
2%에도 못 미친다.

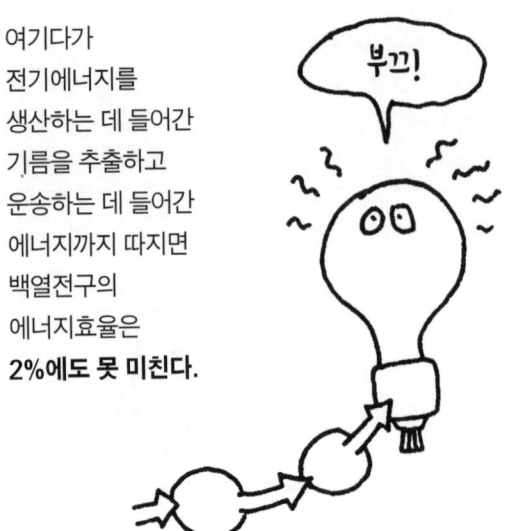

하지만 형광등은
에너지효율이
조금 더 높다.
실험 단계에 있긴
하지만 황이 들어가는
전등은 100%에 가까운
에너지효율성을
자랑한다.

전력은 에너지그물에서 한 단계를 더 거치면서 에너지를 잃는다.
발전소는 화석연료를 운동, 열, 빛 같은 쓸모 있는 에너지로 바로 바꾸는 것이 아니라
전선을 통해 전기를 가정으로 보낸다(이 과정에서 잃는 에너지도 많다).
그리고 가정에서는 이 전기를 가지고 가전제품을 돌린다.

전기는 팔방미인이고 융통성이 있고 전달이 쉽고
적어도 소비자가 사용하는 단계에서는 깨끗하다.
전기는 또한 물이나 바람으로 만들 수도 있으므로
화석연료에 대한 의존도를 줄일 수 있다.
특히 컴퓨터는 전기가 없으면 끝장이다.

1870~1970년 한 세기 동안 에너지는 비교적 싼값에 풍부하게 공급되었다.
특히 미국은 원유와 석탄이 많아서 에너지 가격이 쌌다.

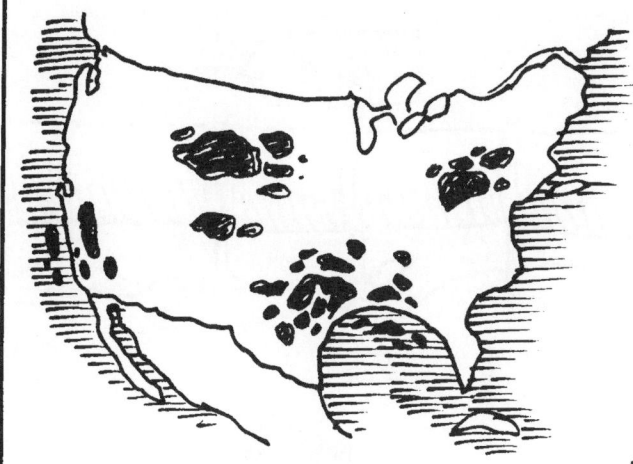

사정이 이렇다 보니 미국의 에너지 전략은 간단했다. '효율이니 오염이니 따지지 말고 에너지를 빨리빨리 많이 만들어서 흥청망청 쓰자.'

(오염은 아직 건드리지 않았지만, 대부분의 변환기는 유독 가스나 재 같은 연소물질을 내뿜는다. 이 내용은 다음에!)

세계 에너지 소비는 1860년과 1985년 사이에 무려 **60배**나 늘었다.
특히 자동차가 없으면 꼼짝 못하는 미국에서는 가히 폭발적인 증가세를 보였다.

알루미늄을 만드는 데는
강철보다 **전기가 15배나 들어가지만**
전기가 싸다 보니 아까운 줄 모르고 쓴다.
알루미늄 음료수 깡통 하나를 만드는 데
들어가는 전기는 100와트짜리 전구를
4시간 밝히는 데 드는 전기와 같다.
**1년에 생산되는 알루미늄 캔은
1,000억 개도 넘는다!**

서유럽은 미국보다 석유나 석탄 매장량은 적지만 영국, 프랑스, 독일 같은 나라는
경제력과 군사력을 앞세워 해외에서도 에너지 자원을 얻는다.

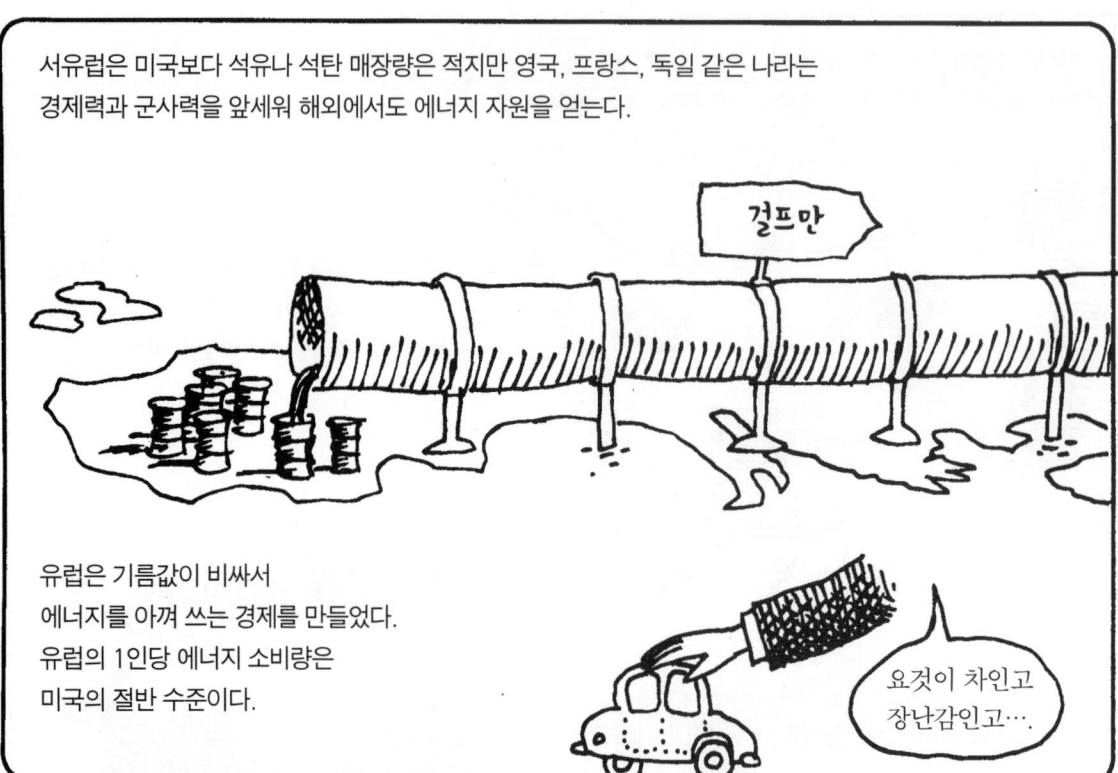

유럽은 기름값이 비싸서
에너지를 아껴 쓰는 경제를 만들었다.
유럽의 1인당 에너지 소비량은
미국의 절반 수준이다.

산업화가 전세계로 퍼지면서
화석연료 수요도 급증했다.

지금의 속도로 석유를 쓰면 2030년이면 바닥이 날 것이다.
석탄도 그다음 100년 안에 고갈된다.

바야흐로

에너지 위기 가 닥친 것이다.

에너지 문제의 해법을 찾기가 쉽지 않은 것은 에너지 소비가 불평등하기 때문이다.
세계 인구의 4%를 차지하는 미국이 전세계 에너지의 **25%**를 쓴다.
미국인이 출퇴근 때 쓰는 휘발유만도 전세계 에너지의 10%에 이른다고 보는 사람도 있다.
그러니 미국이 먼저 솔선수범해야 한다!

> 옙, 차가 밀릴 때는 이제부터 엔진을 끄겠습니다!

그렇지만 아직도 에너지를
못 쓰는 가난한 사람이 많다.
가령 인도의 1인당 에너지 소비량은
미국의 **2~3%** 수준이다.
아직도 땔나무를 연료로 쓰는
20억 명에게 에너지 위기는
전혀 다른 차원으로 다가온다.
그들은 좀더 질 좋은 에너지를 원한다.

> 가스레인지 한번 써보는 게 소원이유!

아무튼 에너지 위기를 근본적으로 해결하려면 적어도 에너지를 많이 쓰는 나라들이
화석연료 사용을 줄이는 데 앞장서야 한다. 그럼 어떻게 절약을 할까?
변환 과정과 운송 과정을 하나로 묶어서 에너지 흐름도를 단순하게 그려보자.

그러니까 절약을 할 수 있는 곳은 투입, 쓰레기, 산출 이 3가지이다.

산출

에너지를 적게 쓰는 물건을 써야 한다.
캔보다는 병에 든 음료수를 사는 것이 좋다.
많이 걷고 자가용보다는
자전거나 대중교통을 이용하고
출퇴근 때 자가용을 여럿이 나누어 타고…
겨울에는 실내 온도를 낮추고….

이것은 개개인이 선택하기 나름이지만 에너지 가격이 폭등하면서 정부와 기업도 이런 방향으로 움직인다.
신도시를 개발할 때도 거주 공간을 가급적 업무 공간과 상가와 가까운 거리에 조성하여
이동 거리를 줄인다든가 대중교통에 보조금을 지급한다든가 부모가 왔다 갔다 하면서
기름을 낭비하지 않도록 직장 안에 탁아 시설을 둔다든가….

쓰레기

쓰레기를 줄인다는 것은 시스템의 효율성을 높인다는 뜻이다.

일회용품 자제

비닐봉투나 종이봉투보다는 천으로 된 가방이나 장바구니를 애용한다. 캔에 든 음료수도 가급적 사지 않는다.

재활용

쓰레기를 다시 투입하는 것이다. 알루미늄을 재활용할 경우 깡통을 만드는 데 들어간 에너지가 한 번에 날아가지 않게 된다.

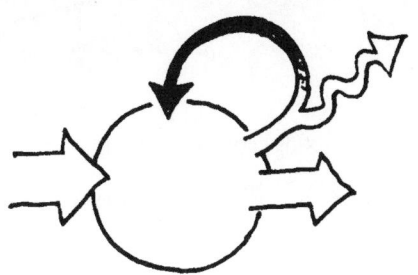

에너지효율을 높이는 방법은 이 밖에도 수두룩하다.
연비가 좋은 차를 산다든가 방열재를 벽에 넣는다든가 에너지 절약 등급이 높은 가전제품을 산다든가 굴뚝 열을 잘 모으는 화로를 쓴다든가 윤활유를 써서 마찰을 줄인다든가….

마찰열로 날아가는 에너지도 만만치 않아요!

에너지그물 자체가 비효율적일 때도 많다.
중간 중간에 거치는 변환 단계가 너무 많다든가 물류 시설이 엉망이라든가.
특히 미국의 경우 낙후된 대중교통이 에너지 낭비를 조장하는 측면도 크다!

글쎄, 공항까지 전철이나 기차가 안 들어오는 도시가 세상에 어디 있담?

투입

투입은 저절로 조절이 된다.
석유가 떨어지면 자동차는 멎을 수밖에 없다!

기름이 바닥나기 전에 대안 에너지를 찾을 필요가 있다.
실제로 인간은 그렇게 살아왔다.

원자력

원자로 안의 연료봉이 뜨겁게 달궈지면서
고성능 엔진을 돌리면 여기서 전기가 만들어진다.
원자력의 장점은 공해가 없다는 것.
매연도 이산화탄소 배출도 걱정할 필요가 없다.

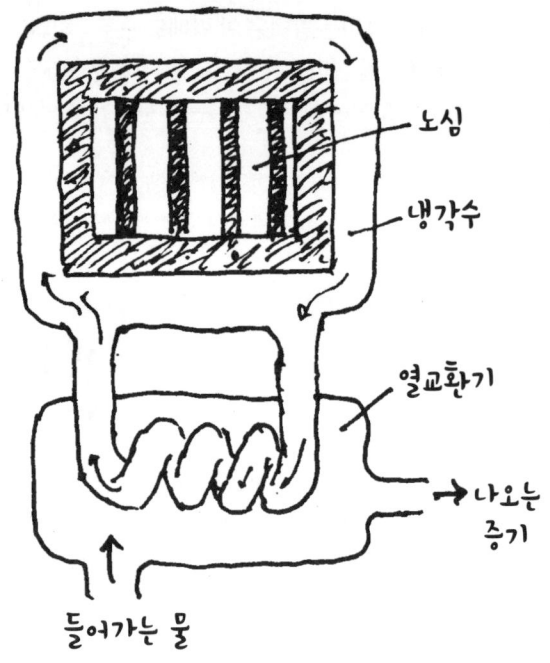

증식원자로라는 것도 있다.
이것은 사용한 연료보다 더 많은 에너지를
만들어내는 희한한 물건이다.

태양열

태양전지는 햇빛을 전기로 바꾼다.
하지만 아직은 비싸고 효율도 떨어져서
전기를 대량 생산하는 것은 당분간은 힘들다.
그래도 (일조량이 많은 곳에서는) 태양열로
난방과 온수는 감당할 수 있다.

화석연료에너지도 결국은 태양에서 온다.
그러니 중간 단계를 거치지 않고
바로 태양열을 이용하자는 발상이다.

수력

수력발전소에 들어가는 연료는 더럽지도 않고 값도 싼 물이다.
떨어지는 물의 힘으로 터빈을 돌려 대량의 전기를 만든다.

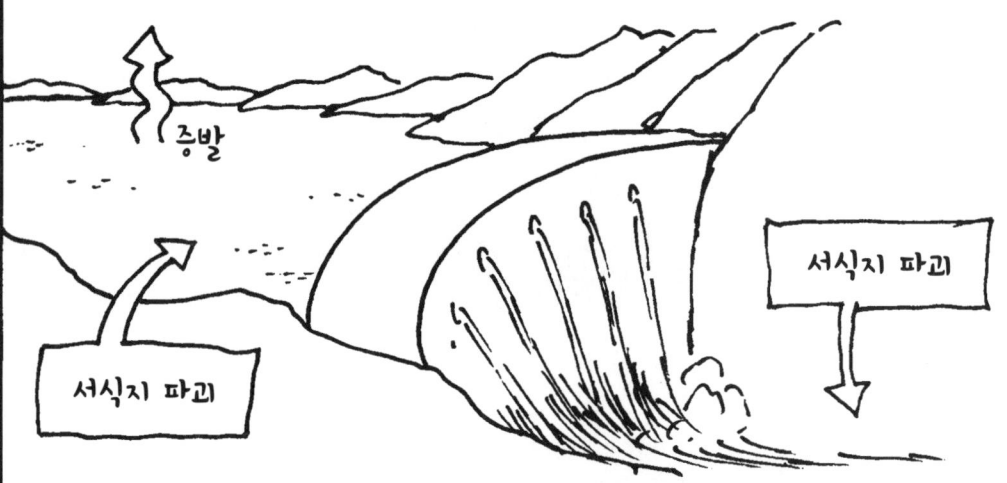

단점 : 수력발전을 하려면 커다란 댐을 지어야 하는데 비용도 많이 들고 환경도 망가진다.
댐에 가둬진 물은 증발하고 영양분이 많은 진흙은 호수 바닥에 가라앉는다.
하류는 물이 부족하니까 바짝 말라붙기 쉽다.

풍력

전기를 생산하기도 하고
바로 기계를 돌리기도 한다.
바람이 센 지방에서는
도시 전체의 조명을
풍력발전으로 하기도 한다.
풍차가 잘 부러지고
새들에게 피해를 준다는
단점이 있다.

생물자원

나무 같은 생물자원은
여전히 경쟁력 있는 연료다.
재생이 가능하며 난로만 좋으면
아껴 쓸 수 있다.
성장이 빠른 나무를 심으면
숲을 지키는 데 도움이 된다.
단점은 이산화탄소 배출.

지열

지구 내부에서 나오는 열로
전기를 만들거나
쓸모 있는 일을 두루 할 수 있다.
구멍을 깊이 파서
알맞은 변환기만 설치하면 된다.
열은 공짜다!

요컨대 에너지 문제는 정말로 심각하다.
현대 사회는 **어딘가에서** 실어오는 에너지를
매일같이 엄청나게 쓴다.
지금은 대부분 화석연료지만
얼마 안 가서 바닥이 난다.

이 문제를 해결하는 방법은 단 하나일 수만은 없다.
선진국에서 좀더 에너지를 적게 쓰는 생활로 바꿔야 하고
에너지효율을 높이는 데 신경을 쓰고 오염이 없는 대체에너지를 개발해야 한다.
이 밖에도 대중교통을 많이 이용한다든가 열효율이 좋은 난로를 쓴다든가 하는 방법은 얼마든지 있다.

잘될까?

· CHAPTER 11 ·
소는 석유를 먹고 자란다

10장에서는 에너지그물이 먹이그물과 동떨어진 것처럼 말했지만 사실 이 둘은 긴밀하게 얽혀 있다.
모든 에너지사슬의 바탕에는 먹이가 있다. 사람은 먹지 않으면 해골이 된다.
자동차 먹이는 기름이다.

그뿐인가, 대부분의 식량은 화학비료로 만들고 화학비료는 원료가 석유제품이다.
즉 식량에너지는 화석연료에서 나온다!

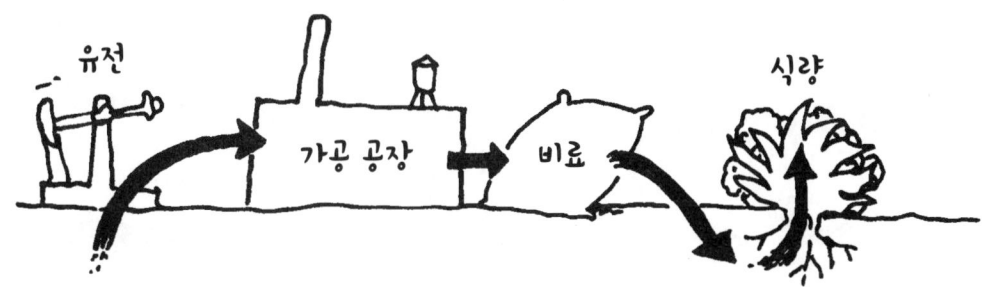

또 막대한 에너지를 쓰는 전세계 공업 경제는 어떤 작물을 어디에 심어서
어디로 실어나를 것인지에 큰 영향을 미친다.

농업의 실태는 나라마다 다르고 지역마다 다르다.
공업이 발달한 나라에서는 농사짓는 데 화석연료를 잡아먹는 중장비를 동원하고
비료와 제초제를 엄청나게 뿌리지만 에너지 사정이 좋지 않은 곳에서는
사람이나 가축의 힘으로만 농사를 짓고 나무나 숯으로 요리를 한다.

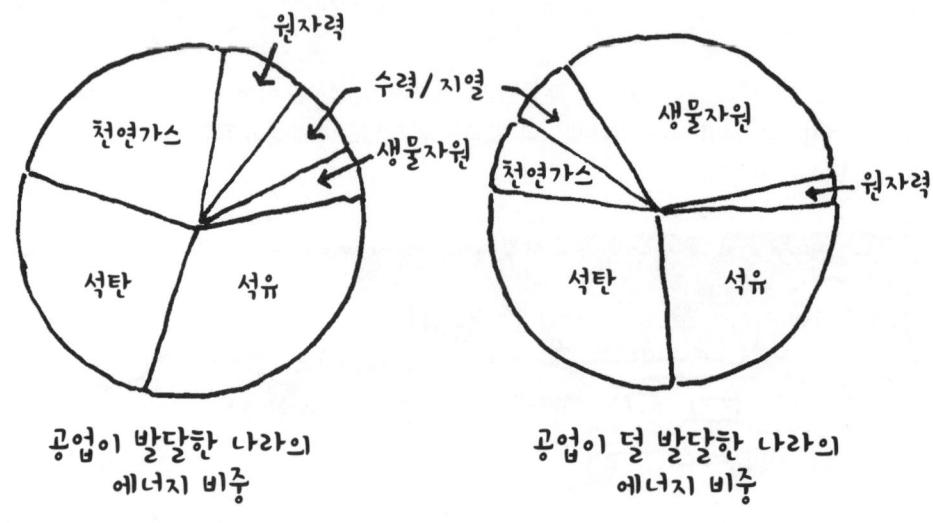

현재 경작이 가능한 땅의 25%는 **유목민**이 쓰고 있고 25%는 **화전민**이 쓰고 있다.
그 나머지는 **전통적인 집약농업**(주로 아시아)과 **대규모 기업농업**(유럽과 북미)으로 엇비슷하게 나뉜다.

화전은 숲의 일부를 개간하여 농사를 짓다가 땅이 영양분을 잃으면 다른 곳으로 옮기는 농사법이다. 세월이 충분히 흐르면 개간지는 다시 건강을 되찾는다.

유목은 가축이 먹는 풀을 찾아 철따라 이동하는 방식이므로 땅을 아주 황폐하게 만들지는 않는다.

화전과 유목을 하면 땅이 넉넉하고 인구가 적은 동안은 생태계가 탈 없이 굴러간다.

집약농업은 노동력을 많이 투입하고 거름을 듬뿍듬뿍 주어서 수확을 아주 많이 한다. 중국 농부는 돼지, 닭, 오리, 생선, 바닷말에서 나오는 유기물을 땅으로 되돌리는 방법으로 산업혁명 이전까지는 유럽 농부보다 무려 **10배**나 많은 작물을 수확했다. 중국은 이런 식으로 몇천 년 동안 기름진 땅을 유지했다.

기업농업은 농기계와 화학비료에 크게 기대는 농사법이다. 한마디로 **투자를 많이 한다.**
화석연료에서 에너지를 끌어와서 작물 같은 식량으로 돌린다.
(하지만 수확철에는 과일이나 야채는 쥐꼬리만한 품삯을 받으면서 아직도
사람들이 일일이 손으로 딴다는 사실을 알아두자.)

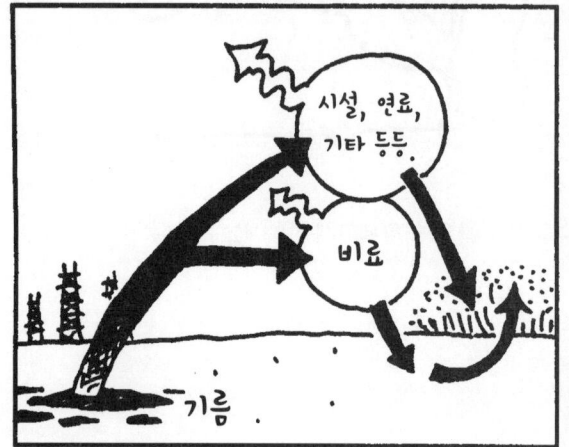

기업농업은 자본(돈을 어렵게 부르는 말)
이 많이 든다. 땅도 넓어야 하고
에너지도 싸야 한다.
모든 산업이 그렇지만 기업농업도
화석연료가 풍부한 시기에 번창했다.

연료가 싸면 굳이
절약할 필요성을 못 느낀다.
그래서 기업농업은
낭비가 말도 못하게 심하다.
가령 곡식을 먹고 자라는 소는
쇠고기의 **7배**에 해당하는
에너지를 소비한다.

효율성은 떨어지지만 워낙 많이 쏟아붓기 때문에
기업농업은 에너지를 알뜰하게 쓰는 전통농업을 몰아내고 있다.

화석연료에 기반을 둔 세계 무역은 농업에 커다란 영향을 미친다.

이유는 간단하다. 에너지를 거머쥔 사람들이 부도 거머쥐기 때문이다.

돈 많은 나라와 기업은 **시장, 기술, 광물자원, 토지를 독차지하려** 든다.

한 나라가 얼마나 잘사는지는 GNP로 나타내는 방법이 있다. **GNP**는 **국민총생산**이라는 뜻인데 한 해에 생산된 모든 상품과 서비스를 돈으로 나타낸 것이다. 가령 2006년 기준 미국의 국민총생산은 무려

13조 달러가 넘는다.

닭한테 돌아오는 건 없네요.

인구가 많은 나라는 당연히 GNP가 커지므로 공정한 비교를 위해서 인구로 나누기도 하는데 이 경우 **1인당 국민소득**을 보면 편하다. 이것은 국민 한 사람의 평균 소득액이다. 현재 1인당 국민소득이 가장 높은 나라는 북유럽이다. 세계적으로 4만 달러가 넘는 나라가 룩셈부르크, 노르웨이, 덴마크 등 10여 개국에 이르지만 500달러에 못 미치는 나라도 27개국이나 된다.*

* 세계은행의 2006년 기준 통계 자료를 참조했다. 참고로 한국의 1인당 국민소득은 1만 7,690달러이다. http://siteresources.worldbank.org/DATASTATISTICS/Resources/GNIPC.pdf

이 도표는 부가 어떻게 퍼져 있는지를 한눈에 보여준다.
막대의 높이는 그 금액에 해당하는 1인당 국민소득을 가진 나라가 몇 개국인지를 말한다.

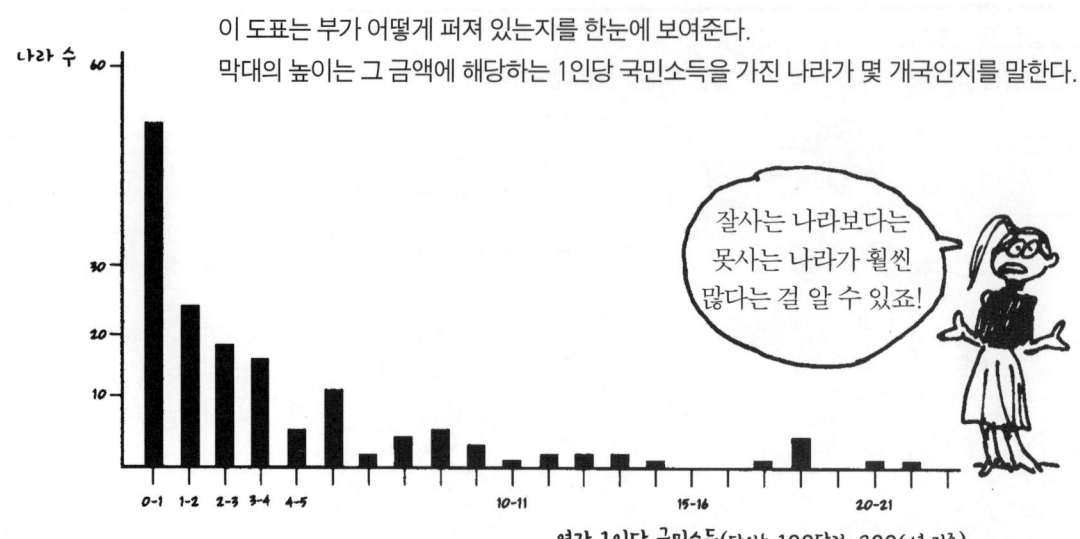

대체로 공업이 발전한 나라들이 잘살기 때문에 다들 어떻게 해서든 **공업을 일으키려고** 하지만 그것이 말처럼 쉽지가 않다. 공업국가들이 버티고 있기 때문이다.

그래서 가난한 나라들은 **보통 농산물을 키워서** 세계 시장에 내다 판돈으로 기름과 기계를 사들인다.

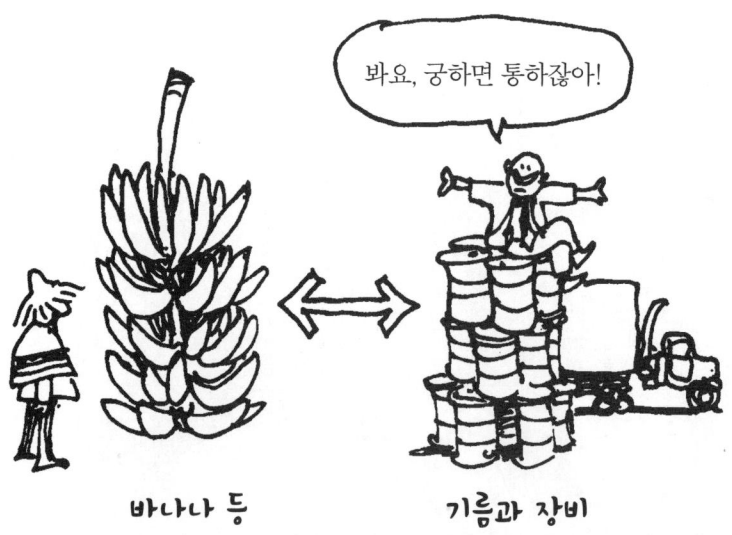

하지만 세계 시장은 카사바, 얌, 빵나무처럼
현지인이 먹는 주식에는 관심이 없다.
세계 시장이 원하는 것은 초콜릿, 커피,
바나나, 카슈, 피스타치오, 코프라, 황마,
고무 같은 것이다.

그러다 보니 주식으로 쓰이는 곡물보다는 바로 돈과 바꿀 수 있는
이른바 **환금작물**을 너도나도 키우게 되었다.

그래서 1인당 국민소득이
500달러도 겨우 넘는 **가나**는
농경지의 절반에서 **코코아**를 기르고,
멕시코는 미국인이 좋아하는
망고, 토마토, 멜론 같은
과일만 재배하고
농민들의 주식을 등한시하니까
옥수수 가격이 갈수록 치솟아
굶주리는 사람이 늘어난다.
인도까지도 쌀을 수출한다.

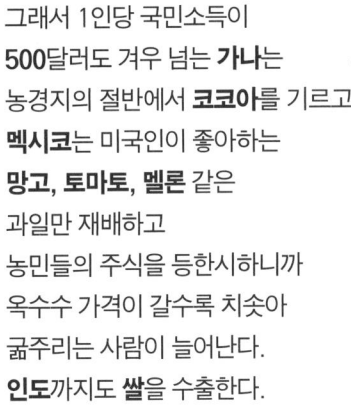

1960년대와 1970년대에 과학자들은 굶주림 문제를 해결하기 위해

녹색혁명을 일으켰다

(그때는 세상이 워낙 시끌시끌해서 뭐든지 혁명이라는 이름을 붙였다).

종자를 개량해서 낱알이 굵고 줄기가 짧고 튼튼해서 낱알이 많아도 잘 지탱하고 재배기간도 짧은 밀, 쌀, 수수를 심으니까 수확량이 크게 늘었다 (이모작도 할 수 있었다).
덕분에 농산물 생산량이 **몇 배나** 늘었다.

상당수의 가난한 나라들은 녹색혁명을 받아들였다.
그 바람에 시장의 힘이 커졌다.
그런데 새로운 작물은 장점만 있는 것이 아니었다.
비료와 물을 엄청 먹어댔다.
내놓는 것이 많은 만큼 들어가는 것도 많았기 때문이다.

돈 많은 농부는 비료를 사서…
새 종자에 넉넉히 뿌렸다.
자연히 생산량이 늘어났고…
곡물 가격은 떨어졌다.
그러니까 옛날 종자로
농사를 짓는 가난한 농부는
더 가난해졌다.

* 오리발 : 이 책의 등장인물이 하는 말은 반드시 저자의 생각과 똑같지는 않음.

돈을 번 농부가 땅을 더 사서 농사를 더 크게 지으니까 이웃들은 더욱 힘들어졌다.
그래서 농사를 포기하고 일자리를 찾아서 도시로 몰려들었다.
공업이 발달하지 않은 나라에 일자리가 많을 턱이 없었다.

기업농업은 더욱 유리해졌고 식량 생산은 늘어났지만 가난도 늘어났다!

실제로 인도의 1인당 농산물 생산량은 크게 늘어났지만 인도 농민은 1975년보다 어렵게 사는 사람들이 많다.

1950년 이후로
괄목할 만한 변화가 있었다.

"에헴!"

- 경작지는 22% 증가했다.
- 화학비료 사용은 10배로 늘었다
- 관개지는 3배로 늘었다.
- 농업에 들어가는 석유는 세계 석유 소비의 12분의 1을 차지한다.

지난 50여 년 동안 식량 생산은
약 **3**배 이상 늘어났다.

같은 기간 동안 세계 인구는 2배밖에 늘어나지 않았으므로
한 사람 앞에 돌아가는 식량의 양은 50년 전보다 늘어났지만….

"세상 많이 좋아졌지요?"

실상은 달랐다. 식량이 늘어났다고 해서 누구나 먹을 수 있는 것은 아니었다.
생활수준이 높은 중산층과 상류층을 위한 식량은 늘어났을지 몰라도 형편이 어려운 계층의 주식은 줄어들었다.

꼭 불평하는 사람이 있어요!

전통농업을 밀어내면서 날이 갈수록 더 많은 에너지를 투입해야 돌아가는 기업농업이
과연 언제까지 굴러갈까?

석유가 고갈되는 것은 말할 나위도 없지만 비료에 들어가는 **인** 때문에라도
기업농업은 언젠가는 벽에 부딪칠 수 있다. 화학비료에 들어가는 인은 땅에서 캐는데
지금처럼 마구 쓰면 2050년에는 바닥이 날 것으로 보인다.

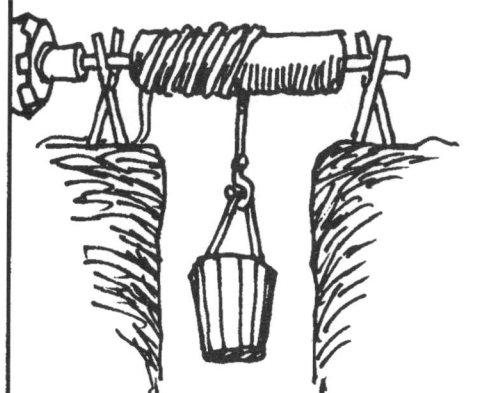

(전통농업에서는 인을 생선, 뼈, 음식물 찌꺼기에서 얻었다.)

이런 변화는 자연 생태계의 다양성을 위협한다.

7장에서 농업이 자연계에
어떤 영향을 미치는지
알아보았지만
기업농업의 파괴력은
그 갑절이 넘는다.

전 같으면 수백 가지나 되는 다양한 품종이 사이좋게 자라던 곳에서
기업농은 밀, 옥수수, 사과, 복숭아 중에서 한두 가지 품종밖에 기르지 않는다.

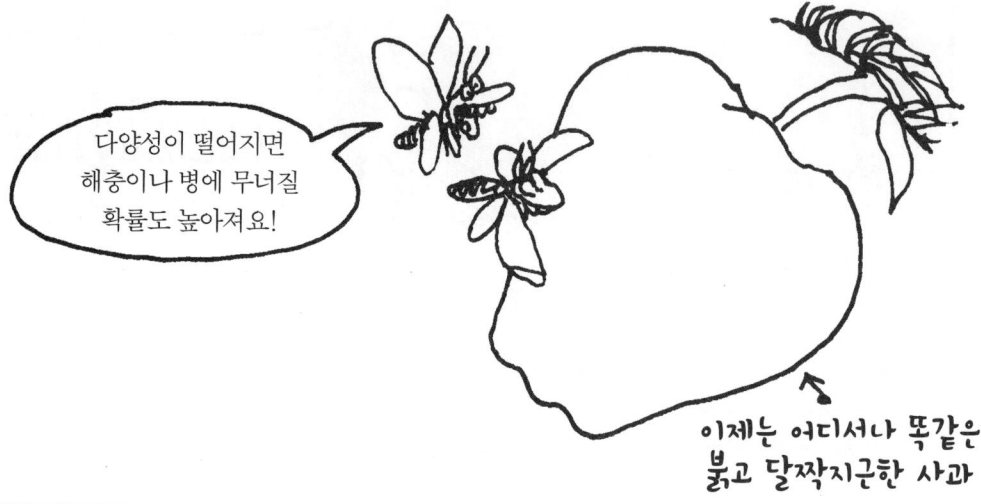

뿐만 아니라 앞으로 경작지로 쓸 만한 땅은
대부분 열대우림이고 열대우림은 생태계는
복잡한 반면 땅은 메마르다.
따라서 생물 다양성이 한 번 무너지면
토양의 부식은 걷잡을 수 없이 확산될 것이다.

고기도 문제다.

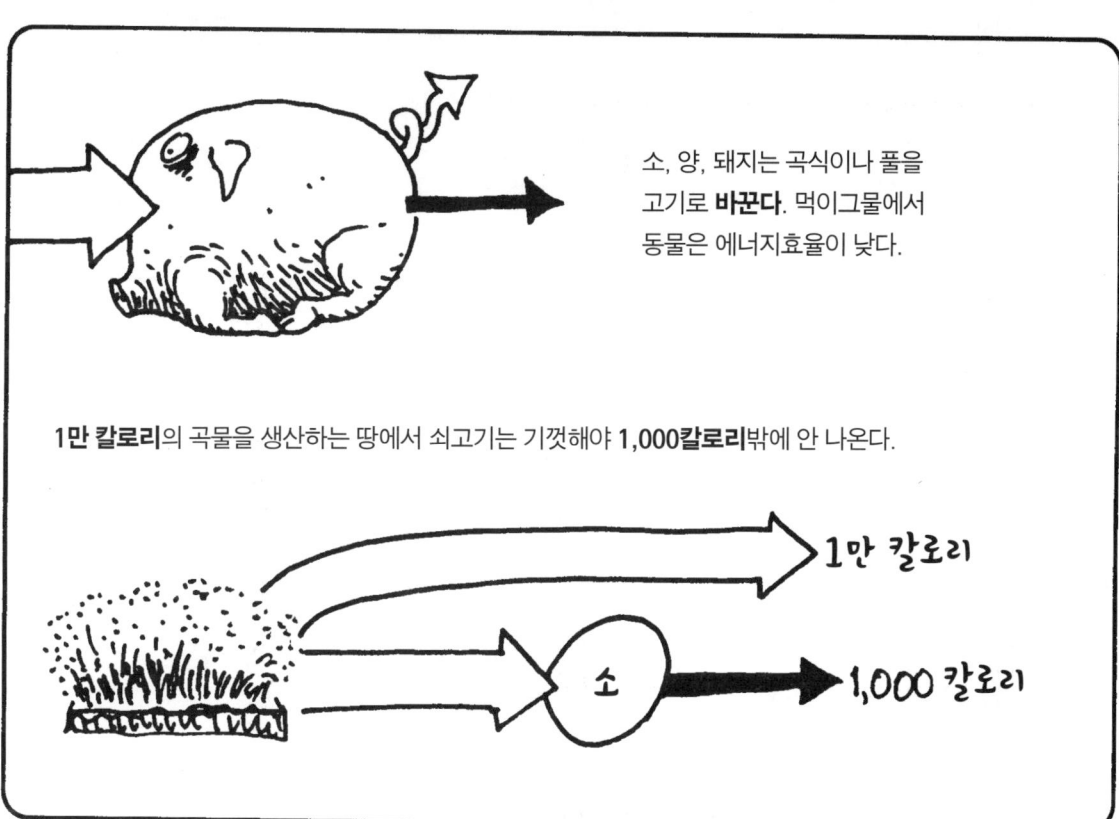

소, 양, 돼지는 곡식이나 풀을 고기로 **바꾼다**. 먹이그물에서 동물은 에너지효율이 낮다.

1만 칼로리의 곡물을 생산하는 땅에서 쇠고기는 기껏해야 **1,000칼로리**밖에 안 나온다.

생활수준이 높아지면 고기도 많이 먹는다. 해마다 20억 톤에 육박하는 곡물 생산량 중에서 동물의 입으로 들어가는 것이 **40%**나 된다. 또 맥주 빚는 데 들어가는 양도 무시 못한다.

사람은 식물이 만들어내는 1차 순생산(141쪽 참조)의 40% 정도를 쓰는데
이 가운데 곡물 소비는 3%에 불과하다.
나머지는 숲을 없애고 건물을 짓고 사료를 주고 쓰레기로 버리면서 사라지는 에너지다.

세계 인구가 60억, 70억,
80억으로 자꾸만 불어나면
식량 수요도 그만큼 늘어난다.
따라서 소비의 효율성을
끌어올리는 것이 중요하다.
1차 순생산 중에서
곡물의 비율을 3~6%로만
높여도 식량은 남아돌 것이다.

에너지 절약에는 큰 고기를 적게 먹으면 좋습니다.

그럼 어떻게 해야 할까? 이모작을 확대하고, 토지를 지혜롭게 쓰고, 기업농업보다 품은 많이 들어도 에너지를 알뜰살뜰 아껴 쓰는 집약농업을 늘리고, 낭비를 줄이고, **햄버거도 적게 먹고**….

안 먹어! 꿀꺽….

생명과학의 발전에도
기대를 걸 만하다.
저항력이 강한 품종을 만든다든가
식물과 동물의 에너지 변환율을
높인다든가.

햄버거가 주렁주렁 열리는 식물을 만들어낸다든가!

또 하나는 지역에 힘을
실어주는 것이다.
멀리서는 문제를 해결하기 어렵다.
땅에 발을 딛고 사는 사람들이 나설 때
문제 해결의 가능성도 높아진다.

물론 도움의 손길이 필요하다.

땔감을 훨씬 적게 먹으면서도 똑같은 열을 내는 **고효율 화로**를 보급하는 것도 중요하다.

하루에 6시간에서 8시간씩 나무를 하던
가난한 아프리카 여성이 이제는 그 시간에
다른 일을 할 수 있고 숲의 훼손도 줄어든다.

이게 농업과 무슨 상관이냐고?
**숲은 농업 에너지그물에서
꼭 필요한 요소다.**
숲이 머금은 수분과 양분은
땅속으로 스며든다.

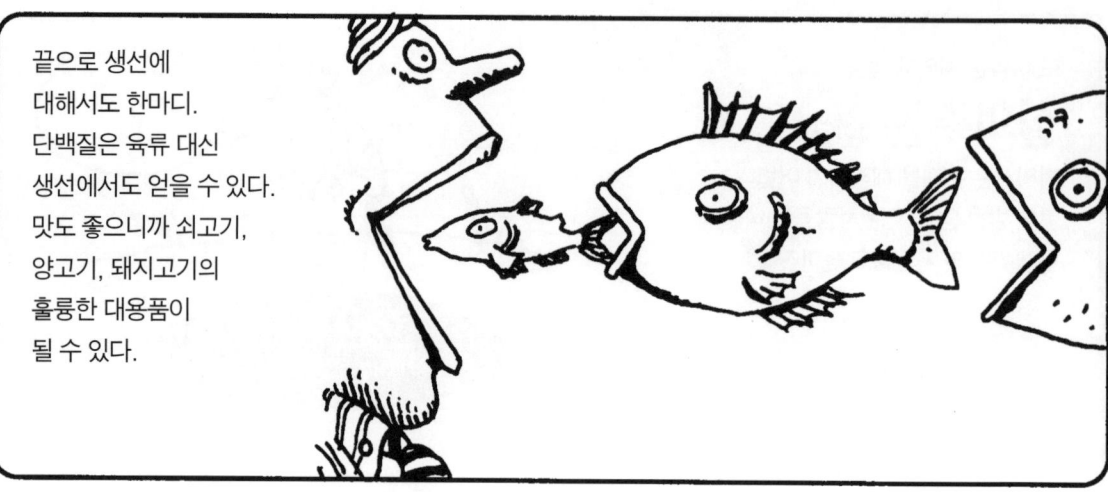

끝으로 생선에 대해서도 한마디. 단백질은 육류 대신 생선에서도 얻을 수 있다. 맛도 좋으니까 쇠고기, 양고기, 돼지고기의 훌륭한 대용품이 될 수 있다.

그러나 수산업도 기업화된 지 오래다. 수요도 엄청나다.
수십억 인간을 먹여살리기 위해 어선들이 바다를 누비고 다닌 결과 세계의 웬만한 어장은
물고기 씨가 말랐다. 수산자원, 특히 사람들이 좋아하는 어종은 워낙 귀해져서
이제는 옛날 같으면 거들떠보지도 않았던 어종까지 잡아들인다.

생선 1칼로리를 잡는 데 연료 15칼로리가 들어간다.

어로 활동을 규제하는 감독기관은
수산업자들이 좌지우지하는 경우가 많다.
정부도 농사나 고기잡이와는 거리가 먼
도시인들의 영향을 점점 많이 받는 추세다.
산업화에 따라 도시가 자꾸만 커지기 때문이다.
다음 장에서는 도시의 생태에 대해서 알아보자.

꽁보리 야채 비빔밥이 꿀맛이네요.

CHAPTER 12
도시여, 정신 차리시게!

에너지 소비가 공장을 돌리고… 에너지 소비가 인구를 불리고…
에너지 소비가 농업을 바꾸고… 에너지 소비가 조직을 키웠다.

다시 말해서 사람들은 농토를 버리고 도시로 몰려들었다.

도시는 생태계에서 많은 역할을 하지만…
한마디로 정의하면 도시는 **잉여 에너지와
잉여 물자가 사방에서 모였다가
변형되는 곳**이다.

도시는 시장이고 제조의 거점이고 유통의 구심점이다. 상품이 쏟아져 들어오고…
공장은 요란하게 돌아가고… 사람들은 물건을 사고판다. 그리고 상품이 쏟아져 나간다.

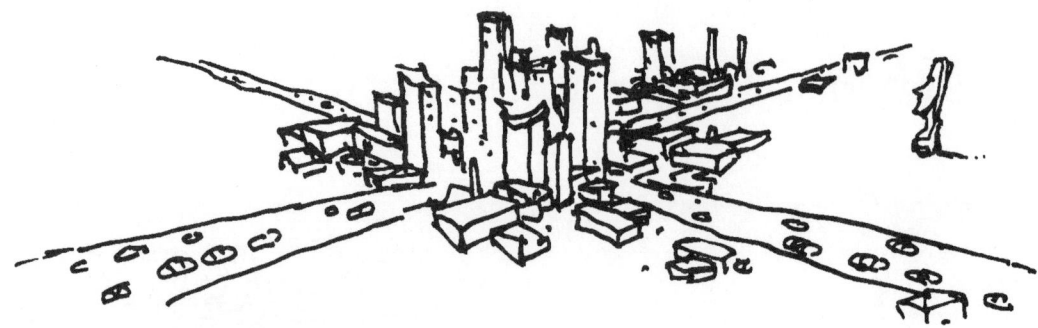

도시는 **조직의 구심점**이기도 하다. 쏟아져 들어온 에너지는 사람들을 먹이고 덥히고 재우고 웃겨준다.
사람들은 에너지 덕분에 정보를 주고받으며 관계를 엮어나간다.
공직 사회와 민간 기업의 관리자와 경영자가 그리고 종교 지도자에서 언론인에 이르기까지
생각과 여론을 이끌어가는 데 관여하는 사람이 모두 그렇게 살아간다.

한마디로 도시에 사는
사람들이 내리는 결정은
생태계 전반에 영향을 미친다.

물자와 사람을 실어나르고 수백만을 먹일 식량을 들여와서
수많은 식당과 가게로 퍼뜨리기 위해서는 **수송망**이 있어야 한다.

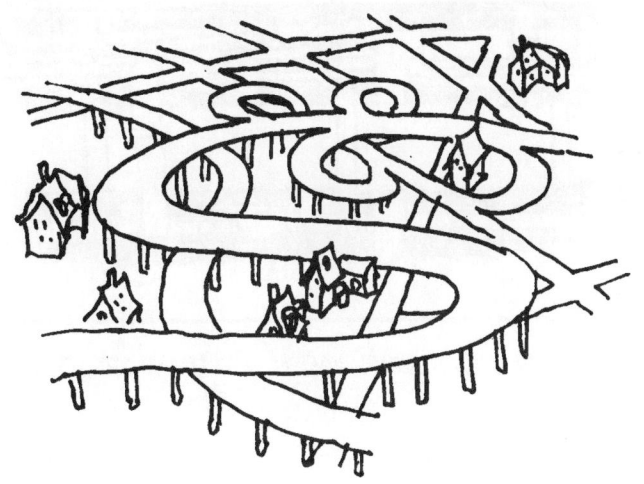

철도, 기차역, 공항, 거리,
고속도로, 주차장이 필요하다.
로스앤젤레스 같은 도시는
이런 수송망이 도시 면적의
절반 이상을 차지한다.

도시 안에서 사람들이 주로 이용하는 교통수단은 3가지다.

개인교통
자가용, 오토바이, 걷기, 자전거.

잠깐 : 자전거를 타면 길도 안 막히고 운동도 되고 일석이조죠.

대중교통
버스, 전차, 지하철.

틈새교통
관광버스, 백화점 버스, 카풀.

셔틀 버스

미국에서 대중교통의 승객 분담률은 7%에 불과하다.
통일되기 전 서독이 15%였고 일본은 50%에 가까웠다.
미국은 아직도 나홀로 차량이 대부분이다.

여럿이 타면 옴짝달싹 못하잖아요!

수송망 말고도
물, 전기, 천연가스 등의
공급망도 필요하다.
그러자면 파이프, 배수로,
저수장, 발전소, 전선이 필요하다.

도시의 먹성은 대단하다. 미국인이 하루에 쓰는 물은 **약 378L**이고 기름은 (산업용을 포함해서) **23kg 정도**이다. 식량을 비롯한 소비재는 **약 2kg**을 쓴다.

필라델피아는 별로 크지도 않은 도시지만 이곳에서만 하루에 식량을 300만kg, 물은 570만L, 기름은 400만kg을 쓴다.

설마…. 미국 전체겠지.

물자와 에너지를 들여오는 것보다
더 어려운 것은 쓰레기를 치우는 것이다.
**한 사람이 하루에 2kg의 쓰레기를 만들고
0.5kg의 분비물을 내놓고
370L의 하수를 내놓고
0.5kg의 공기를 더럽힌다.**

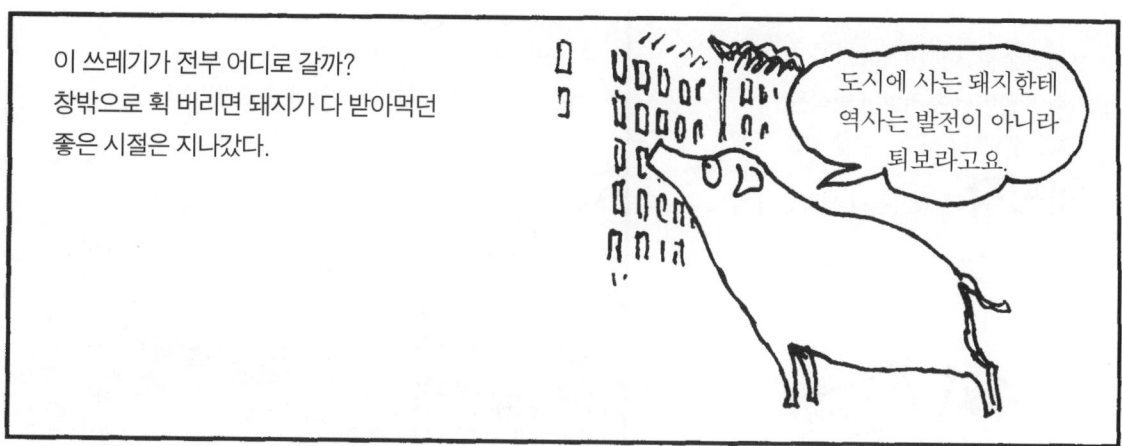

이 쓰레기가 전부 어디로 갈까? 창밖으로 휙 버리면 돼지가 다 받아먹던 좋은 시절은 지나갔다.

"도시에 사는 돼지한테 역사는 발전이 아니라 퇴보라고요."

쓰레기는 **고체** 쓰레기와 **액체** 쓰레기(또는 하수)로 크게 나눌 수 있다.

"그리고 그 중간에 이런 시궁창도 있지롱!"

우선 **고체 쓰레기**부터 알아보자

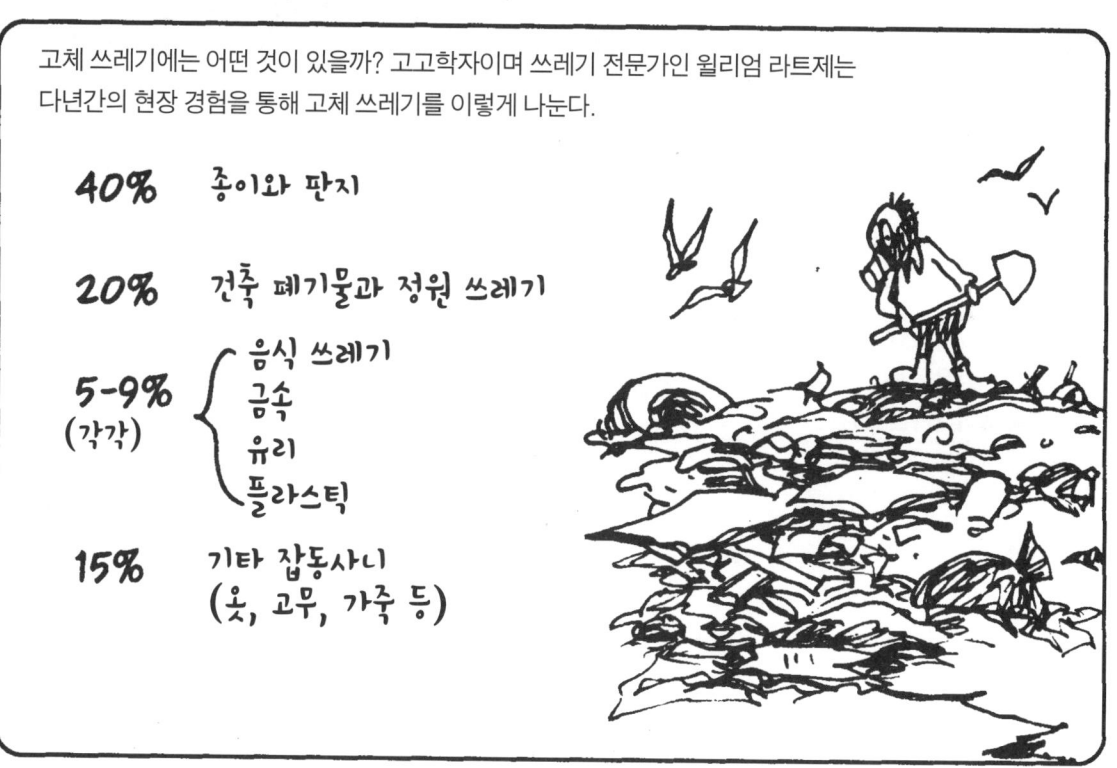

고체 쓰레기에는 어떤 것이 있을까? 고고학자이며 쓰레기 전문가인 윌리엄 라트제는 다년간의 현장 경험을 통해 고체 쓰레기를 이렇게 나눈다.

40% 종이와 판지

20% 건축 폐기물과 정원 쓰레기

5-9% (각각) 음식 쓰레기 / 금속 / 유리 / 플라스틱

15% 기타 잡동사니 (옷, 고무, 가죽 등)

쓰레기를 함부로 버리면
가축이 알아서 처리하던 방식은
1800년대부터 공중위생을 위해
매립장이 생기면서 사라졌다.

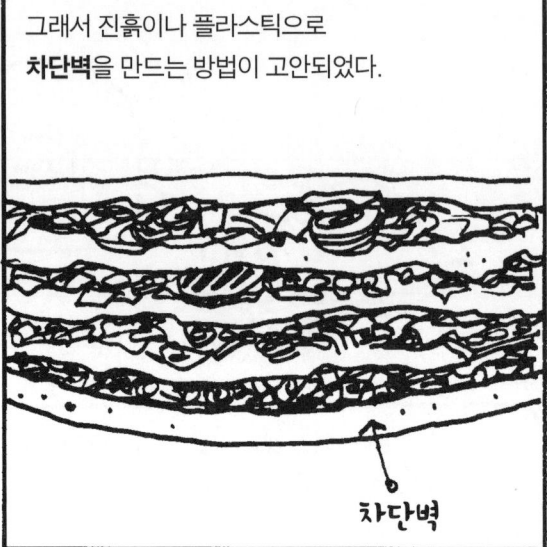

매립장은 여기저기 많이 들어섰지만…
속에 파묻힌 쓰레기는 거의 안 썩고
썩어도 시간이 한참 걸린다.
그래서 매립장은
갈수록 불어나기만 한다.
오래된 매립장이 차면
아주 먼 곳에서 새 매립장을
물색해야 한다.

1940년대와 1950년대에는

소각장에서

쓰레기를 처리하는 도시가 많았다.
소각장은 쓰레기 부피는 줄여주지만
재, 열, 화학물질, 악취를 낸다.
여론이 안 좋아서 처음에 나온
소각장은 대부분 문을 닫았다.

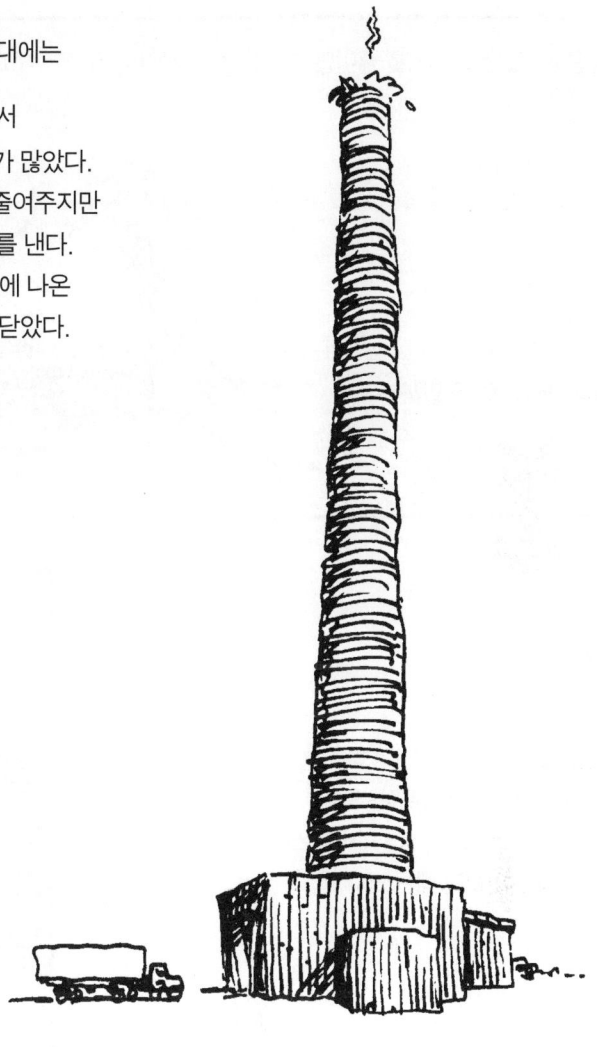

1970년대와 1980년대에는
쓰레기를 태워서 에너지를 얻는 기술이
발달해서 소각로가 다시 각광을 받았다.
하지만 대기 오염 문제는 여전히 남는다.
오염을 그나마 줄이려면
소각장을 계속 가동해야 하는데
그러자면 미리 쓰레기를 잘게
자르는 절차가 필요하다.
하지만 이런 오염감축장치를
설치하려면
비용이 만만치 않다.

환경운동가들은 쓰레기를 줄이면 소각장을 안 지어도 된다고 강조했다.

어떻게 쓰레기를 줄일까?

재활용

앞에서 보았지만 몇 번이고 다시 쓸 수 있는
쓰레기가 많다. 미리 분류를 해서
재활용공장으로 보내거나 퇴비로 쓰는 것이
그냥 버리는 것보다 백번 낫다.

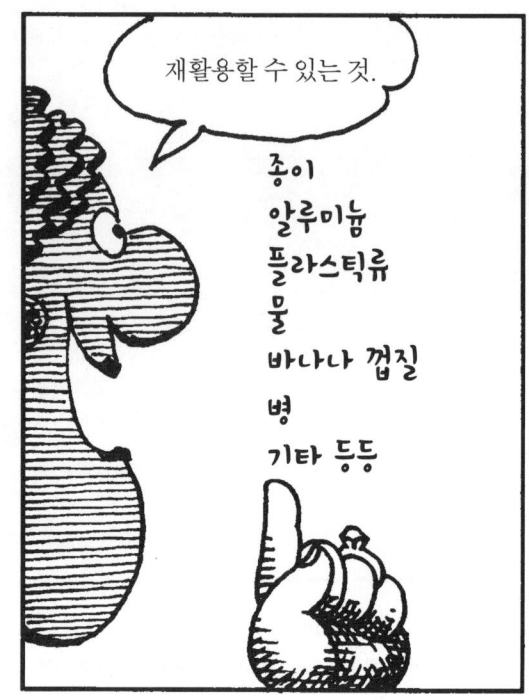

재활용을 하려면 공장에서
중고품을 처리할 수 있는 여력이 있어야 한다.
알루미늄의 60%는 다시 녹여서 재활용을 하지만
미국에서는 아직도 종이의 재활용 비율이 낮다.
반면 원목 가격이 비싼 **유럽**과 **일본**에서는
종이를 많이 재활용한다.

쓰레기를 줄이는 또 다른 방법은 **일회용품 사용을 줄이는 것**이다. 조금 어려운 말로
원천감축 또는 발생억제 라고 한다.
처음부터 아예 쓰레기를
만들지 말자는 것이다.

원천감축은 결국 **수명 문제**와 통한다.
양말에서 집에 이르기까지 가급적 오래가는 것을 써야 한다.
종이봉투가 나은가 **비닐봉지**가 나은가 갑론을박을 벌일 시간이 있거들랑 장바구니를 들고 시장에 가자.
종이컵 사용도 자제하자.

원천감축을 시도한 곳에서는 다들 재미를 보았다.
미국 시애틀의 경우 1인당 쓰레기 배출량이 1983~1993년에
65%나 줄어들었고 소각로 이야기도 쑥 들어갔다.

물은 또 조금 다르다.
물은 고체 쓰레기처럼
한 군데 가만히 있지 않고
사방으로 흘러서 퍼진다.

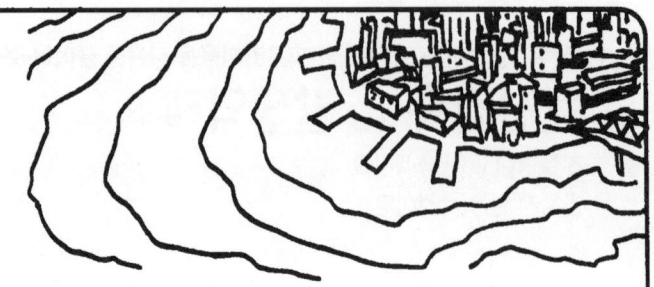

우선은 물을 확보하기가 **갈수록 어려워진다**. 미국은 1인당 하루에 약 378L의 물을 쓴다. 웬만한 대도시에는 수백만 명이 사니까 엄청난 물이 필요한 셈이다. 그래서 물 쟁탈전이 벌어진다. 뉴욕과 필라델피아가 신경전을 벌이고 로스앤젤레스는 수자원이 부족한 남서부에서 애리조나주 전체와 핏대를 올린다.

378L의 물을 조목조목 따져보자.

94.6 변기

75.7 목욕

18.9 요리

56.7 설거지

75.7 세탁

56.7 청소, 정원

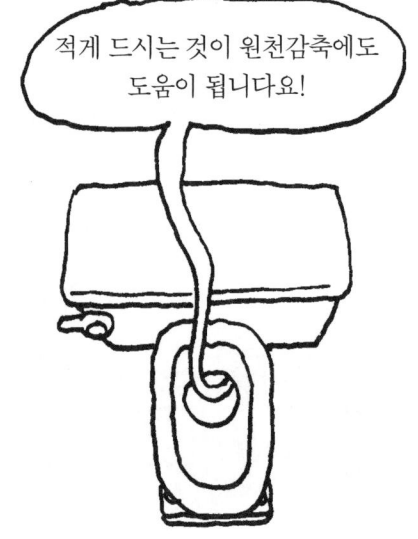

적게 드시는 것이 원천감축에도 도움이 됩니다요!

물이 부족한 캘리포니아에서는 엄격한 규제로 1인당 물 소비량이 절반으로 줄었다. 이런 방법을 썼다.

* 물이 약하게 나오는 샤워 꼭지를 쓴다.
* 변기에도 작은 물탱크를 쓴다.
  물탱크 안에 벽돌을 집어넣는 것도 좋다.
* 정원에서도 증발이 금방 되는 스프링클러보다는
  땅을 바로 적셔주는 방식으로 물을 공급한다.
* 이빨을 닦을 때는 수도꼭지를 잠근다.
* 비누칠을 할 때는 샤워 꼭지를 잠근다.

직접 적셔주기

그런가 하면 하수 처리도 문제다.

아, 옛날이 그립다!

대도시에서는 하루 수천 톤의 소변과 대변을 한곳으로 모아 처리한다. 처리되지 않은 폐수는 유기물이 풍부해서 옛날에는 거름으로 각광을 받았다.

유기물이 가득 담긴 이 하수가
강과 바다로 흘러들어가면
생태계는 혼란에 빠진다.
박테리아 같은 미생물과 물풀은
기하급수적으로 불어나겠지만
얼마 지나면 물고기가 질식사한다.

폐수처리공장이 만들어지기 전까지만 하더라도 웬만한 대도시에서는
처리되지 않은 **생활하수를 그냥 강이나 바다로** 내보냈다.

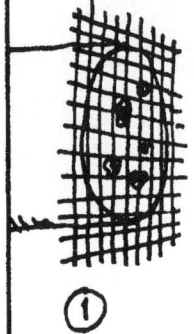 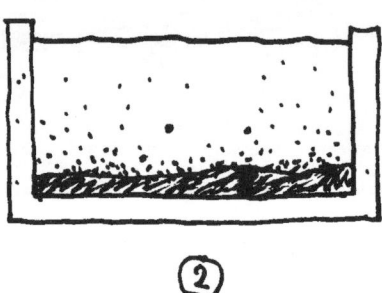 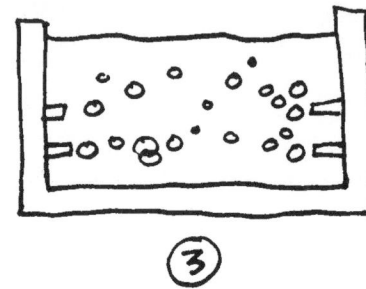

① 폐수처리공장에서는 먼저 덩어리들을 망으로 걸러낸다.

② 그다음에는 저수장 안에서 찌꺼기를 가라앉힌다.

③ 이렇게 해서 웬만큼 걸러진 물을 탄산가스와 염소로 소독 처리한 다음 가까운 수로로 내보낸다.

저수장 바닥에 가라앉은 침전물 곧 찌꺼기는 어떻게 할까?

예전에는 그냥 버리거나
소각로에서 태웠지만
지금은 화학처리를 하여
비료로 만들어 돈을 받고 판다.

이런 처리공장이 잘 돌아가려면
폐수가 한곳으로 모일 수 있도록
하수 시설이 잘되어 있어야 한다.
하지만 인구가 1,000만 명이 넘는데도
뭄바이, 카이로, 멕시코시티처럼
아직 정화시설이 크게 부족하여
쓰레기 처리로 골머리를 앓는 도시가
아직도 너무나 많다.

습지도 자연 상태에서 물을 정화하는 역할을 하는데 그 원리를 그림으로 나타내면 대충 이렇다.

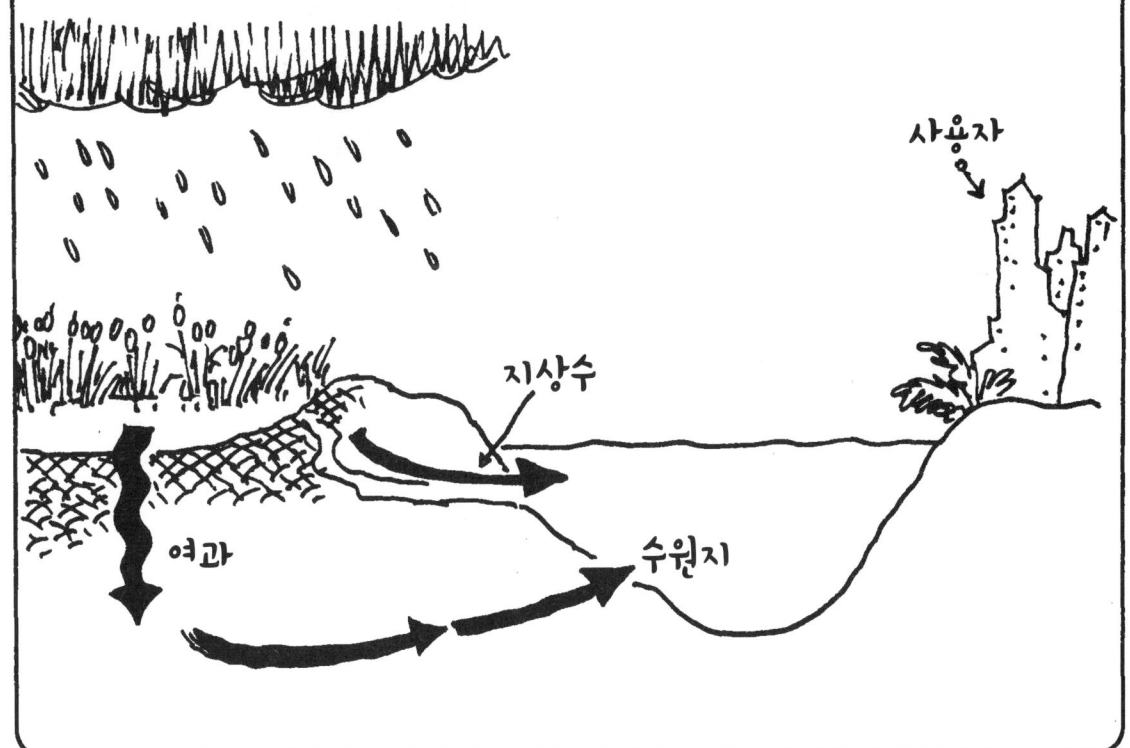

교통, 물 이용, 쓰레기 처리는 도시 환경을 좌우하는 3대 요소다.
도시의 생태를 결정하는 요인은 이 밖에도 **건축, 설계, 토지 활용, 건축 규제, 경제 활동,
기타 도시 생활에 없어서는 안 되는 활동들**이다.

중요한 것은 다른 인간 활동과 마찬가지로
도시도 크건 작건 주변의 생태계와 잘 어울리게 조성되어야 한다는 것이다.

· CHAPTER 13 ·
오염

소비를 하기 시작한 이후로
사람들은 쓰고 남은 것을 멀리 내다버렸다.
"멀리?" 어디 멀리?

아주 **멀리!**

인구가 적고 쓰레기가
모두 유기물이던 시절에는
크게 걱정할 필요가 없었다.
세상이 워낙 넓었으므로
쓰레기는 크게 눈에 띄지 않았고
시간이 흐르면 자연으로 녹아들었다.

하지만 산업혁명이 시작되고
오염이 심각해지면서

상황은 달라졌다!

3가지 이유가 있다.

공장이 늘어나면서
매연도 늘어나고
폐수 때문에 물도 더러워진다.

② **인구가 늘어나면서** 쓰레기는 많아지고
쓰레기 버릴 곳은 줄어든다.

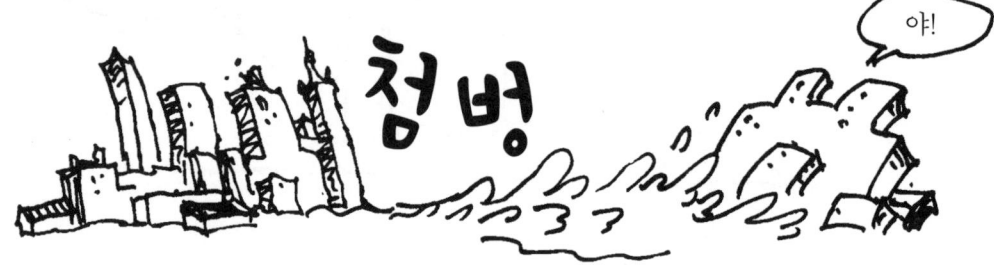

1828년 요소를 합성한 이후로
화학자들은 염료, 폭약,
플라스틱, 세척제, 용매 등
700만 종이나 되는 새로운 물질을
만들어내거나 찾아냈다.
그동안 쓰레기양만 늘어난 것이 아니라
쓰레기의 성격도 확 달라진 것이다.

화학물질을 함부로 버리다간 큰코다친다는 사실을 알게 된 것은 1950년대부터다. 사람이 안 사는 오지에서 **핵무기 실험**을 했더니 **방사능 낙진**이 전세계의 공기, 비, 작물, 흙, 물에서 검출되었다.

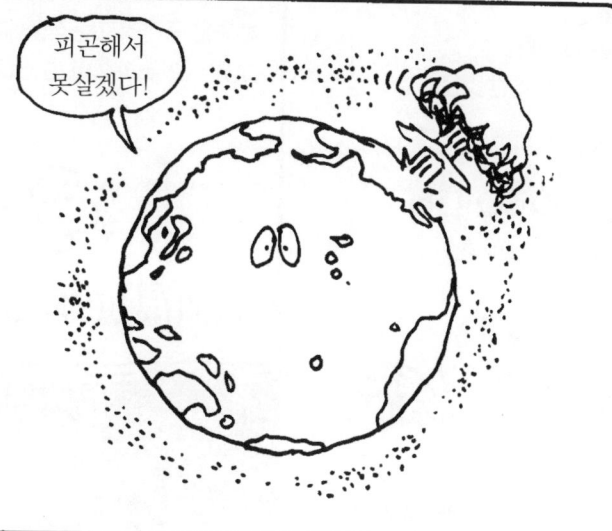

1954년 칼슘과 비슷한 **스트론튬-90**이라는 방사능을 내는 원소가 전세계의 소젖과 어린이 뼈에서 발견되었다.

여러 나라는 이 문제를 해결하기 위해 앞으로는 방사능이 대기로 들어가지 못하도록 지하에서만 핵실험을 하기로 합의했다.

1962년 과학저술가 **레이첼 카슨**이 『침묵의 봄』이라는 책으로 충격을 던졌다.

카슨은 DDT처럼 분해가 잘 안 되는 화학물질을 마구 쓸 경우 야생동물은 떼죽음을 당하고 사람도 암 환자가 늘어날 것이라고 경고했다. **지금 이대로 가면 지구가 유독물질로 뒤덮인다**는 것이었다.

환경은 급격히 안 좋아졌다. 뉴욕의 허드슨강은 죽어갔고… 오대호도 신음했다. 기름에 찌든 쿠야호가강에서는 실제로 **불이 났다**.

자기야, 참 좋다. 달빛보다 더 낭만적이야.

환경오염이 심각하다는 문제의식이 확산되었다. 이제는 **멀리** 내다버릴 데도 없었다. 이렇게 해서

환경운동이 본격적으로 펼쳐졌다.

지금은 욕을 먹지만 그때만 해도 미국이 환경 선진국이었어요.

1972년 미국은 세계에서
가장 엄격한 오염규제법을 만들고
환경보호청을
신설했다.

유독물질은

독이 있는 물질을 말한다.
적은 양도 인체에
치명적이다.

유해쓰레기는

인화성, 폭발성, 자극성이 높거나
다른 물질을 녹이거나 알레르기 반응을 일으킨다.

환경보호청은
공장과 자동차에서 나오는
배기가스 등에
상한선을 설정했다.

발암물질은

암 위험성을 높인다.
발암물질은 많지만 특히 방사능을 내뿜는 물질이 해롭다.

이런 규제 물질의 허용 수준은 **위험과 이득** 또는 **비용과 이득**을 견주어서 결정한다.
그 물질을 썼을 때 얻는 이익과 오염의 위험성 (또는 비용)을 따지는 것이다.

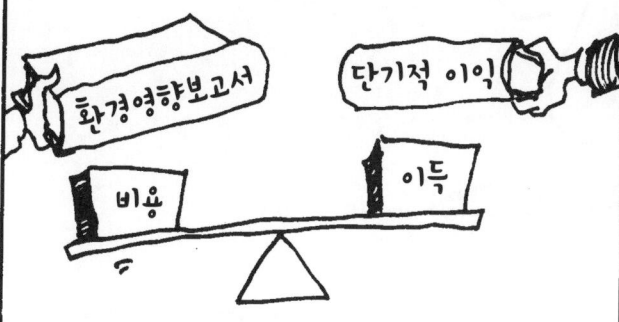

언뜻 보면 참 합리적이다.
결국은 균형을 맞추는 것이 중요하지 않은가?

문제는 이득은 쉽게 눈에 띄지만 비용은 가려져 있거나 나중에 나타나기 때문에 따지기가 쉽지 않다는 것이다.

가령 살충제는 작물 수확량을 높여서
식량 가격을 떨어뜨리지만….

독성이 문제다. 농장에서 일하는 사람들의 몸이 상하는 것과 경제적 이익을 어떻게 비교할 것인가?

나중에 개울에서 유독물질이 나타날 때는?
기하급수적으로 번식하는 해충이
살충제에 **면역력**을 갖게 되면?

하지만 환경이 나빠지기만 한 것은 아니었다.
미국에서 DDT 사용이 전면 금지되자 펠리컨 숫자도 다시 늘어났다.

예전에는 유해물질을 그냥 하수구에 버렸지만 이제는 철저히 **단속하고 감시하고 이중 삼중으로 처리**를 한다. 아니면 엄격한 관리 아래 소각시키기도 한다.

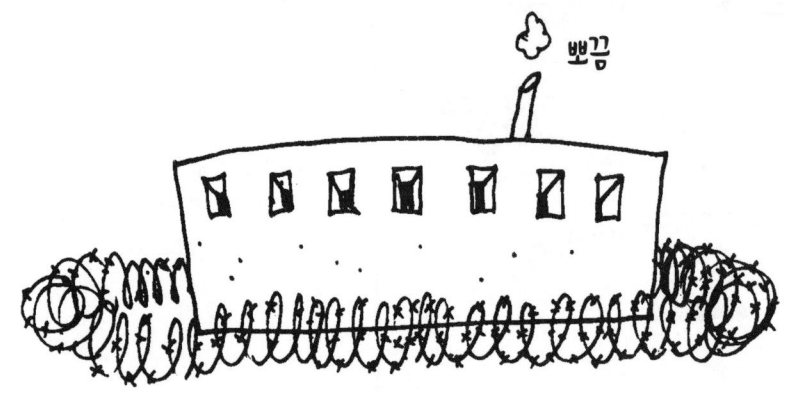

그러나 환경은 불완전하다.
선진국은 개발도상국에게
이산화탄소 배출을 줄이라고
요구하지만 개발도상국은
지구가 망가진 것은
그동안 엄청난 오염물질을
쏟아내면서 성장한
선진공업국들이라며 반발한다.

유독물질은 당장 드러나지 않는 숨은 문제일 수 있지만 **대기오염**은 코앞의 문제다.
공장과 차량에서 타는 화석연료는 **산화질소, 아황산가스, 일산화탄소** 같은 유독가스를 펑펑 뿜어낸다.
그리고 그것이 대기 안에서 엉키면 스모그가 된다.

1970년대에는 대기오염은 주로 도시에서만 볼 수 있는 국지적 현상이라고만 생각했다.
그러나 대기오염이 확산되면서 배기가스를 규제하는 **공기청정법**이 도입되었다.
그래서 공장마다 매연을 줄이기 위해 각종 필터, 침전기, 먼지를 모으는 집진기를
경쟁적으로 설치하는 것처럼 자동차도 오염물질 배출을 줄이는 **변환장치**를 달게 되었다.

그래서 요즘 나오는 차에서 나오는 오염물의 양은 1970년 모델의 **1%**밖에 안된다.
선진국의 공장은 더 깨끗해졌고 공기도 전보다는 맑아졌다.

그러나 공기는 한곳에 머무르지 않으며
대기 안의 화학 성분은 복잡하다.
생태계는 이런 대기오염물질을
국지적 스모그에서 더욱 규모가
큰 현상으로 탈바꿈시켰다.

산성비

아황산가스(SO_2)와 **산화질소**(N_2O, NO, NO_2)가
공기 안에서 다른 기체와 결합하여 **황산**(H_2SO_4)과
질산(HNO_3)을 만들어내기 때문에 생긴다.
자연계에서 가장 독한 산인 황산과 질산이
빗물에 녹아 산성비로 떨어진다.

황산이 땅에 닿으면 흙 속에 들어 있던 **알루미늄, 카드뮴, 수은, 납** 같은 금속 이온이 떨어져나온다.
금속 이온은 지하수로 스며들어 물고기를 중독시키고 그 물고기를 먹은 짐승이나 사람까지도 중독시킨다.

이런 금속 성분이 아니더라도
물고기는 산성이 강한
환경에서는 살지 못한다.
오늘날 북반구의 호수들은
어느 정도 산성화되어 있다.

오존층 파괴

사람이 제일 좋아하는 산소는 공기 안에서는 원자 한 쌍으로 이루어진 분자로 존재한다. 이름하여 산소(O_2)다.

하지만 지구에서 아득히 높이 올라간 곳은 조건이 특이해서 산소 원자 3개의 결합체로 존재하는데 이것을 오존이라 하고 O_3로 나타낸다.

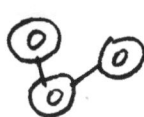 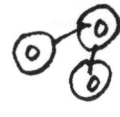

이 오존층은 태양에서 오는 **자외선을 막아주면서** 생명을 지키는 중요한 역할을 한다.

그런데 인공적으로 **CFCs 가스**를 만들면서 문제가 생겼다.
정식 명칭은 염화불화탄소지만 흔히 프레온가스라고 부르는 이 가스는 독성도 없고 가연성도 없고 안정도가 높은 화합물이라서 화학자들이 꿈의 물질이라고 부른다.
1930년대에 처음 만들어져서 **냉장고의 냉매, 스프레이, 스티로폼 거품**으로 널리 쓰였다.
그런데 이 기체는 지구 상공으로 올라가 **오존을 공격**한다.

성층권에서 **염소** 원자는
프레온 분자에서 떨어져나와
오존 분자를 부순다.
그러면서도 자기는 멀쩡하다.
**염소 원자 하나가
오존 분자를 10만 개까지
망가뜨릴 수 있다.**
자연히 지면에 닿는
자외선도 늘어난다.

이 반응은 주로 차가운 구름 표면에서 일어나기 때문에 처음에는 남극 상공에서 오존 구멍이 나타났다.
그러나 대륙 상공의 오존층도 갈수록 얇아지고 있다.
지상에 도달하는 자외선 양이 늘어나면서 **피부암 환자도 늘어나고 있다.**
색소가 자외선을 막아주는 역할을 했던 흑인 중에서도 피부암 환자가 많아졌다.

사람은 선크림이라도 바르고 선글라스라도
낄 수 있지만 나머지 동식물은 속수무책이다.
피부가 얇은 개구리는 피해가 막심하다.

프레온 생산은
세계적으로 줄어들고 있지만
대체 물질을 구하기가 쉽지 않고
이미 성층권으로 올라간
프레온은 지금 이 순간에도
오존을 파괴하고 있다.

마지막으로
지구온난화가 있다.
배기가스에서 황산염, 질산염, 납, 검댕 같은
오염물을 빼면 남는 것은 순수 **이산화탄소**다.
우리가 늘 숨을 쉬면서 내뱉고 식물이 빨아들이는
이산화탄소가 왜 문제일까?

그러게요!

역시 문제는 **태양**이다. 이산화탄소 가스는 태양열을 흡수한다.
태양열이 지구 바깥으로 빠져나가지 못하니까 지구는 더워질 수밖에 없다.
따라서 대기 안에 이산화탄소가 많을수록 지구 온도도 높아지기 마련이다.

밀폐된 온실의 온도가 높아지는 것과 같은 원리다.
그래서 이것을 **온실효과**라고 부른다.

온실은 문이라도 열 수 있죠!

먼 옛날 지구의 화학 성분을 캐보면 대기의 이산화탄소 수준은 아주 길게 보았을 때 들쭉날쭉이었다.
그런데 지난 세기부터는 꾸준히 오르고 있다.

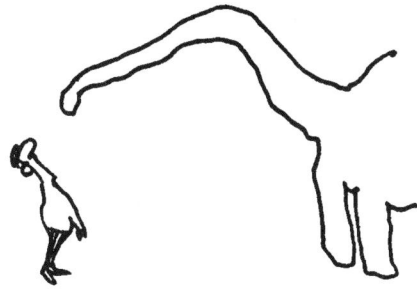

과학자들은 아득히 먼 옛날
이산화탄소가 올라갔던 시기가
지구가 따뜻했던 시기와 일치하는지
여부를 규명하려고 노력하고 있다.

지구온난화는 아직 확실한 결말이 나지는 않았다.
기후에 대해 우리가 아는 것은 아직도 불완전하다.
평균 기온을 어떻게 잡아야 하는지도 명확하지 않다.

하지만 뭔가 심상치 않은 것만은 분명하다. 1900년 이후로 해수면이 15cm 올라갔다.
빙하가 녹고 있다. 폭염이 잦아졌다. 고산지대의 기준이 갈수록 높아지고 있다.
이것은 높은 산의 기온이 점점 올라간다는 뜻이다.

과학자들은 이산화탄소만이 온실효과의 원인은 아니라는 것도 밝혀냈다.
소의 트림에서 자연발효에 이르기까지 농업자원에서 주로 나오는
메탄의 온실효과는 이산화탄소의 20배에 이른다.

2050년까지 기온이 **2.5도** 오르리라는 예측도 있다. 겨우 그 정도쯤이야 할지 모르지만 마지막 빙하시대에 기온이 **4도** 떨어지니까 두께가 2km나 되는 **얼음이 얼었다**는 사실을 잊지 마시라. 해수면이 지금보다 6m나 높아지고 여름 기온이 50도에 육박한다고 상상해보라.

> 너무 더워서 싸울 기력도 없겠네요.

아니면 정반대로 기온이 올라가면 수분 증발로 구름이 많아져서 태양열이 지면에 닿지 못한다든가. 식물이 잘 자라서 이산화탄소를 더 많이 흡수하니까 지구가 더 시원해지지 말란 법도 없다.

> 왜 이랬다 저랬다 하는 건데?

아무튼 사람이 화석연료 사용을 줄이지 않는 한 이산화탄소 수준은 계속 높아질 것이다.

> 저래도 되는 건가?

우리는 점점 우리가 만든 세상 안에서 살아간다.
문제는 언제까지 이렇게 살 수 있는가다.

CHAPTER 14
지구는 섬

이스터섬 주민과 마찬가지로 나머지 지구에 사는 사람들도
주변 환경을 급격히 바꿔놓고 있다.
우리는 인구 폭발로 언젠가는 허허벌판에 내던져질 것인가 아니면
우리 자신과 지구를 위해서 녹색 미래를 만들어나갈 것인가?

가장 으스스한 미래상은 개릿 하딘이 1968년에 발표한
⟨공유지의 비극⟩
이라는 글이 보여준다.
하딘은 파국은 불가피하다는 사실을 증명했다고 믿었다.

10명의 독립 목축업자가 소를 키우는 목초지가 있다고 하자.
목축업자는 누구나 재산을 불리고 싶어한다.

갑이라는 목축업자가 소 한 마리를 늘리면
그는 +1을 얻는다.

그러나 소 한 마리가 늘어나면서 생기는 환경비용
다시 말해 환경부담은 **10명의 목축업자**가 나눠 지므로
갑의 몫은 10분의 1이다. 그러니까 **소 한 마리를
보탰을 때** 갑이 입는 손해는
마이너스 10분의 1이다.

그러니까 갑은 당연히 소를 많이 키우려 들 것이고
을도 병도 정도 마찬가지다.

"하루아침에 소천지가 되었네?"

공용지의 풀은 남아나지가 않아서 결국 사막으로
바뀔 것이다. **모두가 공멸하는 것이다.**

"아뿔싸."

사람들이 공유하는 것은 땅 말고도 **공기, 바다**처럼 마음껏 쓸 수 있는 자원이다. 하딘의 주장은 눈앞의 이익에만 집착하여 경쟁을 벌이다 보면 자원이 바닥나서 결국 지구에 재앙이 닥치리라는 것이다.

파울 에를리히가 1968년에 쓴 『**인구 폭탄**』이라는 책도 사람들의 등골을 서늘하게 만들었다. 맬더스처럼 에를리히도 인구가 이대로 폭발적으로 늘어나면 식량 부족으로 인한 떼죽음은 시간문제라고 보았다.

또 1972년에 메도즈 등이 쓴 『**성장의 한계**』는 인구 동향, 환경 조건, 세계 경제의 추세가 모두 지구 오염을 급속도로 악화시키면서 파국으로 치닫고 있다고 우려했다. 온실효과와 오존층 파괴를 걱정하는 목소리가 1980년대부터 여기저기서 터져나왔다.

그런데 이런 재앙론은 현실화되지 않았다.

"귀신이 **곡할** 노릇이네?"

우선 이런 비관론은 당연히 일리가 있다는 점을 인정해야 한다. 이스터섬만 하더라도 그렇고 개체수가 걷잡을 수 없이 늘어나서 나중에는 모두 공멸한 개체군의 사례는 수없이 많다.

"역시. 가망이 없구나."

하지만 그냥 가만히 누워서 세상이 망하기만을 기다릴 필요가 없는 것은 희망이 있기 때문이다!

"쩝…. 좀 누워서 뭉개려고 했더니만…."

〈공유지의 비극〉만 하더라도 그렇다.
하딘의 논리는 목축업자들이
서로 소통하지 않는다는 전제에서 출발한다.
사람들이 공유지를 **관리**하지도 않고
공용재라는 개념도 모르고
하루살이처럼 눈앞의 이익만 좇으면서
살아간다는 전제에서 출발한다.

실제로 많은 전통 사회에서 수백 년 아니 수천 년 동안 공유지를 아무 탈 없이 잘 관리했다.
나이든 원로들이 공유지를 잘 감독했고 관습과 종교의 힘으로 개인의 탐욕이 불거지는 것을 막았다.

산업화는 공과가 모두 있다.
수단 방법을 가리지 않고 공업화에 매진했던 동유럽 공산주의 사회에서는 환경이 크게 훼손되었다.
반면 서유럽에서는 정부가 상충하는 이해관계를 조절하는 데 신경을 써서 국립공원도 늘어났고
각종 규제를 통해 오염과 환경파괴를 막는 데 앞장섰다.

어떤 나라, 어떤 회사, 어떤 단체도 바다와 공기를 독점하지는 않는다.
그러다 보니 이것을 함께 보호하기도 쉽지가 않다.

하지만 세계 모든 나라는 오존을 잡아먹는 프레온가스를 아예 쓰지 않기로 뜻을 모았고
해양자원 남획도 규제하기로 했다. 물론 그것을 얼마나 실천에 옮기는지는 두고 봐야겠지만.

인구 폭발 문제도 그렇다.
인구가 급증한 것은 사실이지만
1인당 식량생산량은 1968년 이후로
크게 늘었다.
전세계 인구의 절반 가까이를
차지하는 중국, 인도, 인도네시아는
1990년대부터 식량 자급국가로 돌아섰다.

눈부시게 발전하는 생명공학 덕분에 식량생산성은 더욱 높아질 것으로 보인다.

자원 고갈에는 어떻게 대처할까?
농지는 유한하고 화석연료도 (석탄을 빼놓고는)
머지않아 바닥이 나지만 대체에너지는 있으며
비에너지 자원은 아직은 풍족한 편이다.
광물도 더 싸고 환경 친화적인
대용물로 바꿔 쓰면 된다.

인간이 가장 무분별하게 탕진하는 자원은 **생물권 자체의 자원**이다.
식물은 이산화탄소를 생물자원으로 바꾸어주고 공기와 물의 오염물질을 걸러준다.
식물은 또 물의 순환을 다스리고 다른 화학 순환에서도 결정적 역할을 한다.
다른 유기체도 흙에 산소를 불어넣고 물을 저장하고 식물 양분을 재활용하고 해충을 없애고
꽃가루를 옮겨서 식물의 수정을 돕는다!!!

생물권을 우리가 워낙 함부로 탕진하는 바람에 화학물질을 순환시키고
공기, 물, 흙의 건강을 지키는 중요한 일을 생물권에서 제대로 못하고 있다.

지속가능생태계란?

이 책에서 줄곧 강조한 것은 생태계는 **역동적**이라는 사실이다.
지속가능성을 중시하면 무조건 아무런 변화가 없는 따분한 상태를 말하는 것은 아니다.
지속가능생태계는 사고가 일어나서 환경이 훼손되더라도 어느 정도 시간이 흐르면
원래의 상태로 돌아오는 회복력이 있다.

지속가능개발은 현재의 수요를 맞추는 것도 중요하지만
미래 세대에게 감내하기 어려운 부담을 안겨주지 않는 데도 신경을 쓴다.
아이에게 적어도 우리가 태어난 세상만큼은 살 만한 세상을 물려주어야 한다는 믿음이다.

지금까지는 미래 세대가 직면할 문제도
과학이 얼마든지 해결할 수 있을 것이라고
막연히 믿었다.
하지만 언제까지 그럴 수 있을까?
우리도 생물권의 일부분이라는 사실을
언젠가는 인정해야 하지 않을까?
우리가 쓸 수 있는 물질과 에너지는
무한하지 않기 때문이다.

장기적으로 해결책은 결국 **무성장 경제**를 만드는 것이다. 펑펑 쓰지 않으면서도 수준 높은 생활을 누리는 그런 삶이다.

문제는 쓰지 않으면 불안해 하는 사람이 많다는 거지요!

써야 팔고 팔아야 돈을 벌지!

장기적으로는 무성장이라고 해도 지금 **당장** 어떻게 하냐고요!

환경산업을 쑥쑥 키워야죠!

물론 **쓰레기도 줄여야** 한다. 낭비하지 말고 연료 추출과 에너지 변환의 효율을 높이고 나무, 금속, 석유화합물의 사용을 줄여야 한다.

농업도 같은 땅(도시가 커지면서 농사지을 땅이 더 줄어들 가능성이 높지만)에서 더 많은 수확을 올리는 **집약농업**이 바람직하다. 역시 쓰레기를 줄이고 식물의 영양분을 잘 관리해야 한다.

획일적인 농사보다는 다양한 작물을 기르는 것이 좋습니다!

이런 나라에서는 정부가 산아제한정책을 추진한다.
나라가 잘살고 여성 교육이 확대되면 인구 증가 문제는 저절로 해결된다.

정보는 변화를 유도한다.
정보화시대로 접어들면서 생명공학, 농업기술, 관개기술, 심지어는 좋은 난로 만드는 기술까지 삽시간에 지구 구석구석으로 퍼진다. 전통 사회의 지혜도 금세 공유된다.

근본적 변화는 65억이 넘는 세계인이 각성할 때 나타난다.
종이, 금속, 플라스틱을 적게 쓰고, 유기농산물을 키우고 사고, 나무를 심고, 물을 아끼고,
수명이 긴 제품을 쓰고, 재활용에 힘쓰고 재활용품을 애용하고, 아이를 적게 낳고,
지속가능경제를 위한 정책을 추진하도록 정치인들에게 압력을 넣는 데 온 세계인이 동참해야 한다.

우리는 모두 이 지구라는 놀라운 생명의 섬에서 살아가는 생명체의 일부분이다. '세계를 생각하면서 지역에서 실천하는' 사람이 많아질 때 지속가능생태계가 오는 날도 그만큼 앞당겨질 것이다.

불 끄는 거 잊지 마시고요!

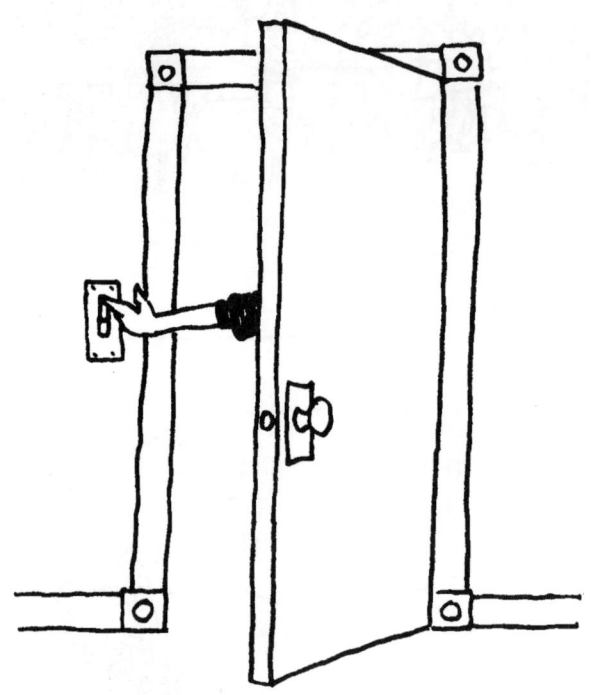

참고문헌

『이스터섬, 지구섬 Easter Island, Earth Island』, Paul Bahn & John Flenley, New York : Thames and Hudson, 1992. 이스터섬 200년 연구사. 읽어볼 만하다.

『흙과 문명 Topsoil and Civilization』, Vernon Carter & Tom Dale, Norman, Oklahoma : University of Oklahoma Press, 1974. 흙에 대한 고전서.

『질병과 역사 Disease and History』, Frederick Cartwright, New York : Thomas Y. Crowell, Company, 1972.

『동물의 대참사 : 그림으로 보는 세계의 멸종 동물 The Doomsday Book of Animals : An illustrated Account of the Fascinating Creatures Which the World Will Never See Again』, David Day, New York : Viking Press, 1981. 대영박물관 자료로 만들었으며 그림이 기발하면서도 멋지다.

『권력의 노예 : 역사 속의 에너지와 문명 In the Servitude of Power : Energy and Civilization Through the Ages』, Jean-Claude Debeir, Jean-Paul Deleage & Daniel Hemery, London : Zed Books, 1991. 엄청나게 박식하며 노예제의 본질을 규명한다.

〈마야의 도시 생활 : 열대 카르스트 환경에 미친 영향 Mayan Urbanism : Impact on a Tropical Karst Environment〉, Science. E. S. Deevey, 1979년 10월 19일, 298~306. 마야 멸망의 원인을 호수 밑바닥에서 검출된 인 성분으로 설명한다.

『지구 살리기 : 환경 위기 해결 전략 Healing the Planet : Strategies for Resolving the environmental Crisis』, Paul R. Ehrlich & Anne H. Ehrlich, Reading, MA : Addison-Wesley Publishing Company, 1991.

『가이아 도시 일주 : 지속가능 도시 생활을 위한 새로운 지침 The Gaia Atlas of Cities : New Directions for Sustainable Urban Living』, Herbert Girardet, New York : Anchor Press, Doubleday, 1992. 세계 도시의 구조를 한 눈에 비교.

〈공유지의 비극 The Tragedy of the Commons〉, Garrett Hardin 씀, Science, 1968년 12월 13일. (출판사는 모름. 죄송!) 짧은 글이지만 커다란 화제를 일으켰다.

『문명의 씨앗 : 식량 이야기 Seed to Civilization : The Story of Food』, Charles B. Hieser, Cambridge, MA : Harvard University Press, 1990. 아직 안 본 분은 꼭 보시길.

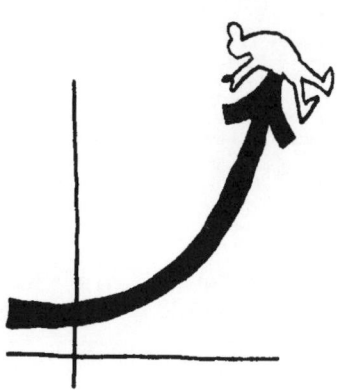

『가이아 : 지구 생명을 보는 새로운 눈 Gaia : A New Look at Life on Earth』, J. E. Lovelock, New York : Oxford University Press, 1979. 짧지만 도발적.
(한국어판 :『가이아 : 살아있는 생명체로서의 지구』, 2004년 갈라파고스에서 출간)

『전염병과 민족 Plagues and Peoples』, William McNeill,
New York : Anchor Books, 1976. 잘 쓰진 않았지만 생각할 거리가 많다.

『한계를 넘어서 : 전세계 재앙에 맞서 지속가능한 미래를 꿈꾼다 Beyond the Limits : Confronting Global Collapse, Envisioning a Sustainable Future』, D. H. Meadows & J. Randers, Post Mills, VT : Chelsea Green Publishing Company, 1992.『성장의 한계』 다음에 나온 속편. 통계자료가 많다.

『성장의 한계 Limits to Growth』, D. Meadows 외, New York : Universe Books, 1972.

『환경과 생활 Living in the Environment : Seventh Edition』,
Tyler G. Miller, Belmont, CA : Wadsworth, 1992.
환경학 대학 교재 치고는 사실을 설득력 있게 전달하는 힘이 뛰어나다.

『가이아 : 지구 경영 도감 Gaia : An Atlas of Planet』, Norman Myers,
New York : Anchor Press, Doubleday, 1984.
정리를 잘해놓았지만 때로는 도표에 질리기도.

『역사 속의 기근 : 식량 부족, 빈곤, 결핍 Hunger in History : Food Shortage, Poverty and Deprivation』, Lucile Newman, Cambridge : Basil Blackwell, Inc., 1990. 유골 분석으로 보는 과거의 기근 사 .

『녹색 세계사 : 환경과 문명의 몰락 A Green History of the World : The Environment and the Collapse of Great Civilizations』, Clive Ponting, New York : St. Martin's Press, 1991. 인간이 지구에 미친 영향을 깔끔하고 자세하고 설명.
(한국어판 : 같은 제목으로 2003년 그물코에서 출간)

『쓰레기의 세계사 Rubbish! The Archeology of Garbage』, William Rathje & Cullen Murphy, New York : Harper Perennial, 1992.
매립장 해부도와 쓰레기에 대한 성찰.

『생명의 다양성 The Diversity of Life』, E. O. Wilson, New York : W. W. Norton and Company, 1992. 생물 다양성에 대해 대가가 털어놓는 모든 것.
(한국어판 : 같은 제목으로 1996년 까치에서 출간)

『쥐와 이와 역사 Rats, Lice, and History』, Hans Zinsser,
New York : Blue Ribbon Books, 1935. 엉뚱하고 무미건조하면서도
기발하고 박학다식하고 재미있다. 발진티푸스의 역사를 다룬 고전서.

『사라진 동물과 사라지는 동물 : 멸종과 생존의 생물학 Extinct and Vanishing Animals : A Biology of Extinction and Survival』, Vinzenz Ziswiler, New York : Springer-Verlag, 1967. 동물 거래의 역사를 집대성.

찾아보기

| ㄱ |

가이아설 22~24
가장자리 효과 63
강 13, 49, 103
거대소비자 79
경쟁배타의 원리 81, 138
공기청정법 203
공생 83, 87, 96
공업 165, 166, 170, 173
〈공유지의 비극〉(하딘) 212, 215
공진화 40, 120
관성 68
광합성 28, 75, 78
교통수단 183
구름 13, 49, 206, 209
국민총생산(GNP) 169
군락 발전 → 생태 천이
개체군동태학 36
극지방의 초원(북극 툰드라) 51, 54~56
기근(굶주림) 68, 114~118, 124, 125, 172
기생 83, 85
기업농업 166, 168, 169, 173, 175, 176, 178
기업형 사냥 133~135

| ㄴ |

나무 14~18, 32, 89, 99, 129, 163
나일강 103
난바다 46, 47
내륙 습지 51
냉대 수림(타이가) 56, 61
녹말 28
녹색혁명 172
농업 92, 94~96, 104, 106~109, 117, 125, 167, 169, 174, 179
니치(생태적 지위) 80, 81, 88, 93

| ㄷ |

다락밭 99
당분 15, 28
대기오염 203, 204
독립영양체 78
동물플랑크톤 46, 198
동소성 종분화 35
되먹임 고리 24

| ㄹ |

러브, 찰스 12
러브록, 제임스 22~24
로헤벤, 야코프 8

| ㅁ |

마굴리스, 린 22~24
마다가스카르 129, 130
매립장 186
맬더스 114, 115, 125, 213
맹그로브 습지 48
먹이그물(먹이사슬) 44, 73, 74, 77~79, 85, 93, 139, 152, 177, 198
먹이사슬 효율성 → 생태 효율성
메도즈 213
멕시코 수난기 102
멸종가능종 140
멸종위기종 139
무기영양물 15
무생물계 23
무성장 경제 219
문명 11, 95, 102, 108, 146
물(water) 7, 13, 14, 19, 23, 43, 53, 75, 137, 162, 188, 190, 191, 220
물의 순환 13, 19, 68, 75, 217
미시소비자 79

| ㅂ |

바닷물 23, 43
바람 13, 25, 59, 61, 147, 163
박테리아 20, 25, 27, 34, 45, 46, 113
반심해대 46
발진티푸스 122
방사선 붕괴 75
번식 전략 36, 38
번식력 36, 37
벌건흙 61
변환기 148, 149, 151, 153, 163
병원균 119~121
복원력 68
부영양호 50
북극 툰드라 → 극지방의 초원
분리수거 188
불 89
비(강우) 13
빈영양호 50
빗물 13, 16, 186, 204

| ㅅ |

사막 54, 59
사이짓기 98
사회 조직 108
산성비 204
산소 순환 19~22
산아제한정책 220
산업혁명 151, 167, 196
산호 23, 47
상호공생 83
생물계 21~24
생물 다양성 41, 139, 142, 176
생물의 멸종 속도 141

생물자원 45, 46, 77, 145, 150, 163, 166
생산자 21, 45, 47, 48, 52, 65
생태 다양성 41, 42
생태적 지위 → 니치
생태 천이(군락 발전) 64
생태 효율성(먹이사슬 효율성) 77
생태계 23, 24, 64, 67~70, 127, 130, 136, 140, 218, 220
생태계의 안정 요소 68
생물군계 53~55, 57, 60, 61, 63, 64
생활하수 192
석상(거상) 11, 19
석유 28, 143, 152, 156, 165, 166, 174
석탄 28, 150, 156, 166
『성장의 한계』(메도즈 외) 213
셀레늄 30
소각장 187, 188
소금 23, 100, 101
소비자 21, 52, 78, 79
수력 151, 162, 166
수렵채집 88, 94, 107, 117, 131
수메르 100, 101
숙주 120~122
스트론튬-90 197
심해대 46
쓰레기 159, 178, 185~196, 219

| ㅇ |

아연 30
알루미늄 155, 159, 188, 204
에너지 위기 157, 158
에너지그물 143, 152, 154, 159, 165, 179

에너지효율 152~154, 159, 164, 177
에를리히, 파울 213
역동적 균형 20, 84
열 55, 76, 77, 144~149
열대 우림 60, 61, 68, 130, 140~142, 176
열대 초원 62
열에너지 72, 148
열역학 148
열역학 제1법칙 74
열역학 제2법칙 76, 149
영양단계 78, 87
오존층 파괴 205, 206, 213
온대 낙엽수림 54, 57
온실효과 207, 209, 213
운동에너지 145, 148, 149
원자력 160, 161
원천감축(발생억제) 189, 190
유광대 46
유독물질 199, 200, 203
유목민 166
유전자 다양성 41, 42
유전형질 33
육식동물 56, 57, 77, 78
응결 13
이산화탄소 21, 28, 75, 78, 160, 161, 163, 202, 207~209, 217
이스터섬 7, 8, 11, 12, 16, 18, 32, 214
이소성 종분화 34
인 19, 29
인구 증가 106, 114, 125, 220
인구 폭발 90, 210, 216
『인구 폭탄』(에를리히) 213
인플루엔자 122
일 76, 144, 148, 149

일방공생 83, 87
잉여 생산물 107, 108

| ㅈ |

자급형 사냥 133, 134
자원 고갈 217
잡식동물 78
재활용 159, 167, 188, 1221
전기에너지 153, 154
전쟁 114~116, 123~125
제약 요소 36~38, 55, 60, 82, 89, 125
종 다양성 41, 42, 67
종속영양체 78
중력에너지 149
증기기관 147, 148, 150, 151
증발 13, 16, 49, 75, 100, 162, 208
지구온난화 47, 51, 70, 161, 207, 208
지속가능생태계 218
지열 75, 163, 166
지표종 140
지하수 13, 14, 17, 50, 51
지하수면 14
진화 31, 33, 40, 42, 82
질소 19, 25~27, 30, 98
집약농업 166, 167, 178, 218

| ㅊ |

차단벽 186
착생식물 61
천연가스 28, 151, 166, 184

초식동물 54, 56~58, 62, 77, 78
초원 55, 54, 58, 62, 68
추이대 63
『침묵의 봄』(카슨) 199
침엽수 56

| ㅋ |

카르노, 사디 148
카슨, 레이첼 199
칼슘 19, 25, 197
클라우지우스 149
클라크, 아서 7

| ㅌ |

타이가 → 냉대 수림
탄소 19, 21, 25, 26, 28, 47
태양에너지 45, 75, 77, 150
태양열 162, 164, 207, 209
태양전지 162
테오티후아칸 102
퇴적암 29, 30

| ㅍ |

페스트 122
포식자 58, 84~88
폴리네시아인 11
푸른박테리아 20
풍력 163

풍토병 120, 121, 123
프레온가스(CFCs 가스) 205, 216
프리고진, 일리야 95
필수 영양소 25

| ㅎ |

하딘, 개럿 212, 213, 215
항상성 24, 68
해안 습지 48
해안대 47
핵심종 136, 137
형질 강화 82
호수 50, 103, 204
호흡 20, 72
호흡에너지 45
홍적세 몰살이론 90
화산 폭발 10
화석연료 28, 150, 151, 154, 156, 158, 162, 164~166, 168, 169, 203, 209, 217
화전민 166
화학에너지 72, 75, 76, 85, 153
화학합성 75, 78
환경저항 36
환경운동 199
환금작물 171

| 기타 |

1인당 국민소득 169, 170, 171
1차 생산자 47
1차 소비자 78,

1차 순생산 45, 141, 178
1차 천이 65
1차 총생산 45
2차 소비자 78
2차 천이 66
3차 소비자 78
DDT 198, 199, 202
GNP → 국민총생산
J곡선 113
K도태 38
K전략 44
r도태 38
r전략 44, 65
S곡선 112

옮긴이의 말

도시를 벗어나서 공장과 고층건물이 없는 남해의 섬에 가면 지금도 밤하늘에 깨알 같은 별이 보석처럼 반짝거린다. 우주는 참 넓구나 하는 생각이 든다. 그런데 우주는 정말로 넓은 것일까? 물론 넓다. 지구의 엄마별인 태양 같은 별이 은하계 안에 2,000억 개나 되고 또 이런 은하계가 우주 안에는 1,000억 개가 넘는다고 하니, 도무지 상상이 안 갈 만큼 넓고도 넓다.

하지만 사람이 살 수 있는 우주는 좁고도 좁다. 태양 말고 지구에서 가장 가까운 별은 켄타우루스 자리에 있는 알파라는 별인데 지구에서 4.3광년 떨어져 있다. 빛의 속도로 가는 우주선을 타고 가더라도 가는 데만 4.3년이 걸린다. 지금까지 사람이 만들어낸 가장 빠른 우주선을 타고 가도 무려 500만 년이 걸린다.

지금 지구에서 가장 멀리까지 간 우주선은 약 30년 전인 1977년에 발사된 보이저 1호인데, 지구와 태양 사이의 거리보다 무려 100배가 더 먼 160억 킬로미터까지 갔는데도 아직도 태양계를 완전히 빠져나가지 못했다.

우주가 아무리 넓다 해도 현실적으로 사람이 살 수 있는 곳은 지구라는 행성 하나밖에 없다. 옛날 사람은 이렇게 무한한 우주 앞에서 겸허해지고 깃을 여밀 줄 알았다. 사람이 좋은 머리와 뛰어난 솜씨로 문명을 일으켜서 다른 동물을 압도하게 되었어도 사람은 자연의 일부분이라는 생각을 잊지 않았다. 그래서 동물을 사냥하더라도 씨를 말리는 법은 없었고 때가 되면 자기들이 잡아먹은 동물의 명복을 비는 의식을 올리기도 했다.

다른 짐승과 마찬가지로 사람도 그렇게 잡아먹은 먹이에서 열을 얻고 에너지를 얻어서 살아나갔다. 그런데 시간이 흐르면서 사람은 먹이만이 아니라 나무와 마른 똥 같은 생물자원을 태워서 열을 얻는 요령을 깨우쳤다. 덕분에 문명을 일으킬 수 있었다. 그리고 나중에는 석탄이나 석유 같은 화석자원을 가지고 증기기관을 만들고 공장을 지어서 더욱 풍족한 생활을 누렸다. 전에는 유럽이나 미국 같은 나라에만 공장이 몰려 있었지만 나중에는 일본이나 한국 같은 아시아 국가에도 수많은 공장이 지어졌고 지금은 세계에서 인구가 가장 많은 중국, 인도, 브라질 같은 나라들, 심지어 알제리나 모로코 같은 아프리카 나라들까지도 경쟁적으로 공장을 짓고 있다.

과학이 아무리 발달하더라도 허공에서 물건을 찍어내고 식량을 길러낼 수는 없다. 결국은 자원에 기댈 수밖에 없다. 요즘 사람들이 주로 쓰는 것은 석유, 천연가스, 석탄 같은 화석자원이다. 화석자원이 생물자원과 다른 점은 유한하다는 것이다. 나무와 작물 같은 생물자원은 다시 기를 수가 있지만 화석자원은 한 번 써버리면 그것으로 끝이다. 언젠가는 바닥이 난다. 바람에서 에너지를 얻기도 하지만 한계가 있고, 물의 힘을 이용하는 수력 발전도 있지만 거대한 댐을 지으려면 자연을 망가뜨릴 수밖에 없다. 핵발전소는 공해는 없지만 방사능 폐기물을 처리하는 것이 골치 아프고 연료로 쓰는 우라늄도 어차피 언젠가는 바닥이 난다.

결국은 한 사람 한 사람이 에너지를 아껴 써야만 하나밖에 없는 소중한 지구를 후손에게 물려줄 수 있다. 한국처럼 비싼 돈을 주고 화석자원을 다른 나라에서 사다 써야 하는 나라는 더더욱 에너지를 아껴 써야 한다. 겨울에는 기름을 펑펑 때면서 집에서 반소매로 지낼 것이 아니라 내복을 껴입고 조금은 춥게 지내는 것이 몸에도 좋고 환경에도 좋다. 여름에는 덥다고 에어컨을 쾅쾅 켜고 덜덜 떨 것이 아니라 땀을 흘리면서 어느 정도는 자연에 순응하면서 불필요한 에너지 소비를 줄여야 한다.

이 책의 만화를 그린 래리 고닉은 복잡한 이야기를 쉽게 풀어나가는 솜씨가 뛰어난 작가다. '세상에서 가장 재미있는 세계사' 시리즈를 읽어본 분들은 고닉의 절

묘한 유머와 핵심을 꿰뚫는 통찰력이 낯설지 않을 것이다. 그런 장기는 이 책에서도 유감없이 발휘되었다. 복잡한 환경 이야기를 어떻게 이렇게 명쾌하면서도 재미있게 담아낼 수 있는지 놀랍기만 하다. 환경에 관한 책은 많이 쏟아져 나왔지만 이 『세상에서 가장 재미있는 지구환경』만큼 알차고 재미있는 책은 본 적이 없다. 1996년에 나온 이 책을 지금 다시 소개하는 것도 래리 고닉의 입에서 나오는 경종과 호소와 희망의 소리가 아직도 우리의 가슴을 때리기 때문이리라.

래리 고닉도 마지막에 가서 하는 말이지만 결국 근본적 변화는 우리 하나하나가 각성할 때 나타난다. 다른 사람이 알아서 하겠지, 정부가 알아서 하겠지 하고 무관심하게 지낼 것이 아니라, 나부터 종이, 금속, 플라스틱을 적게 쓰고 나무를 심고 물을 아끼고 재활용을 하고 유기농산물을 애용해야 한다.

사람은 피부색은 달라도 지구를 아끼고 지키는 마음은 모두 똑같은 녹색이다. 환경이 마음에 들지 않거든 나부터 앞장서서 환경을 바꾸는 데 솔선수범하자. 그것은 어렵고 복잡한 일이 아니다. 기름 한 방울, 물 한 방울, 전기 한 등이라도 아끼는 데서부터 시작된다. 그것이 우리의 소중한 지구를 아끼고 지키는 길이다.

2007년 5월
이희재

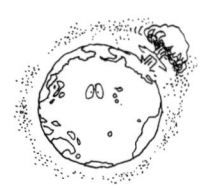

세상에서 가장 재미있는 지구환경

1판 11쇄 펴냄 2019년 7월 22일
2판 1쇄 펴냄 2022년 5월 10일
2판 2쇄 펴냄 2024년 12월 20일

그림 래리 고닉
글 앨리스 아웃워터
옮긴이 이희재

주간 김현숙 | **편집** 김주희, 이나연
디자인 이현정
마케팅 백국현(제작), 문윤기 | **관리** 오유나

펴낸곳 궁리출판 | **펴낸이** 이갑수

등록 1999년 3월 29일 제300-2004-162호
주소 10881 경기도 파주시 회동길 325-12
전화 031-955-9818 | **팩스** 031-955-9848
홈페이지 www.kungree.com
전자우편 kungree@kungree.com
페이스북 /kungreepress | **트위터** @kungreepress
인스타그램 /kungree_press

한국어판 ⓒ 궁리출판, 2008.

ISBN 978-89-5820-698-9 07470
ISBN 978-89-5820-690-3 (세트)

책값은 뒤표지에 있습니다.
파본은 구입하신 서점에서 바꾸어 드립니다.